了不起
的科学

ARITHMETIC
算术

让孩子

着迷

奇妙

迷的

算术

[日]涌井良幸 涌井贞美 著

冯博 译

U0161669

中国纺织出版社有限公司

原文书名：数的センスを磨く超速算術

原作者名：涌井良幸　涌井贞美

SUTEKI SENSE WO MIGAKU CHOSOKUSANJUTSU by Yoshiyuki Wakuri, Sadami Wakui

Copyright © Yoshiyuki Wakuri, Sadami Wakui, 2014

All rights reserved.

Original Japanese edition published by JITSUMUKYOIKU-SHUPPAN Co.,Ltd.

Simplified Chinese translation copyright © 202* by China Textile & Apparel Press

This Simplified Chinese edition published by arrangement with JITSUMUKYOIKU-SHUPPAN Co.,Ltd., Tokyo, through HonnoKizuna, Inc., Tokyo, and Shinwon Agency Co. Beijing Representative Office, Beijing

著作权合同登记号：图字：01-2022-0065

图书在版编目（CIP）数据

让孩子着迷的奇妙算术 /（日）涌井良幸，（日）涌井贞美著，冯博译. ––北京：中国纺织出版社有限公司，2022.3

ISBN 978-7-5180-9045-7

Ⅰ．①让… Ⅱ．①涌… ②涌… ③冯… Ⅲ．①速算—青少年读物 Ⅳ．①O121.4-49

中国版本图书馆CIP数据核字（2021）第213235号

责任编辑：邢雅鑫　　责任校对：高　涵　　责任印制：储志伟

中国纺织出版社有限公司出版发行

地址：北京市朝阳区百子湾东里A407号楼　邮政编码：100124

销售电话：010—67004422　传真：010—87155801

http://www.c-textilep.com

中国纺织出版社天猫旗舰店

官方微博 http://weibo.com/2119887771

天津千鹤文化传播有限公司印刷　各地新华书店经销

2022年3月第1版第1次印刷

开本：880×1230　1/32　印张：7

字数：121千字　定价：39.80元

凡购本书，如有缺页、倒页、脱页，由本社图书营销中心调换

序言

在这个世上，有许多人对数字非常敏感。有一瞬间就能够计算出均摊会员费的人，也有看一眼资料就能够立即找出要点并作出精确判断的人，还有在会议中能够发言说明计算为什么正确并获得认同的人……

这些人都有一个共同点，就是"计算非常快"。但是，他们既不是数学某一领域的专家，也不是使用算盘的小能手，有的还并非很擅长心算，甚至可以说只不过是一些会普通计算的常人。

那到底为什么，他们能够计算得如此之快呢？其实是因为他们每次面对不同的问题，都能够想到最合适的计算方法。大家平时只要使用在学校里学的计算方法（普通方法），不论是遇上什么问题，最终都能够成功解答出来。这种计算方法用药物来打比方的话，就相当于"万能药"。

然而，对于一些特殊的病来说，比起万能药，使用"特效药"可能会让病好得更快。计算亦是如此，所以常备一些计算中的"特效药"很有必要哦。

在这里举个例子来说明吧。399×399这样的计算，使用一般的计算方法来解答，则如下图所示。必须要按照顺序一一相乘来算出答案，十分烦琐。

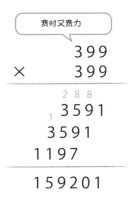

$$
\begin{array}{r}
\boxed{\text{费时又费力}} \\[6pt]
399 \\
\times\ 399 \\
\hline
3591 \\
3591\ \\
1197\ \ \\
\hline
159201
\end{array}
$$

可是，如果能够掌握另一种计算方法，如右图所示，那么大家的计算速度就会得到显著的提升。

$$399 \times 399$$
$$=(400-1)^2$$
$$=160000-800+1$$
$$=159201$$

$$\boxed{\text{更快！更简单！零失误！}}$$

几乎是一瞬间就算出了答案，如果是这种程度的计算，就连心算都能算出来吧。但是，使用这种计算方法如果想要计算"365×365"这样的问题就基本没什么作用了。所以说，这种方法仅仅对这样的计算形式才有效。**"速算考的就是随机应变"**说的就是这个意思。如果掌握了大量的这种类似"特效药"的计算方法，就可以应对各种各样情况下的速算了。而这，就是人们常说的**"速算法"**。大家平时只需在无法使用速算的情况下，再利用万能药的计算方法来解题即可。

为了防止大家产生误解，在此特地说明一下：虽然本书是介绍速算技巧的书，但绝没有轻视普通计算方法的意思。倒不如说，速算是需要基于普通计算才能进行的。

本书将会为大家介绍各种各样与速算法相关的方法。此外，还会为大家介绍如何大致处理数字的概算法，如何减小失误的验算法等各种具有实用性的方法。

希望大家能够活用这些知识，把"速算法"化作自己有力的武器。

最后，我在著作本书时，得到了实务教育出版社的佐藤金平先生，Shirakusa 的畑中隆先生等来自各方面悉心的指导，在此借机表达我诚挚的感谢。

著者

为先贤们已经证明了自然数系统的无矛盾性 ❶，所以大家大可安心地使用数学归纳法。甚至可以说，数学归纳法就是专门为自然数的性质而生的一种证明方法。

---

❶　这个问题由德国数学家希尔伯特在 1900 年提出，数学家哥德尔在 1958 年成功证明。——译者注

目录

Part 2

加上"×""÷"后速算的厉害之处

Part 3

快速又有趣！别出心裁的算法

Part 4

"验算法"的精髓在于"去九法"

Part 7

关键时刻能够救命的简便计算法

附录

"速算"的精髓就在于，能够以最合适的方法顺利地处理眼前的问题。以此为前提，希望大家一定要记住默默无闻而又至关重要的"补数"。赶紧来掌握补数，变身速算达人吧！

先做好速算的准备

首先一直盯着算式

在速算中，有一件重要的事就是，**即使看到了算式也不要立马去计算**。首先需要做的，就是**一直盯着算式思考："有没有简单的计算方法呢？"**这是因为，速算就是针对各种症状对症使用"特效药"的一个过程。

例如：请问下图粉色部分的面积是多少？

看图可知，一个大的正方形中有一个小的正方形，所以答案应该是"大正方形的面积－小正方形的面积"。

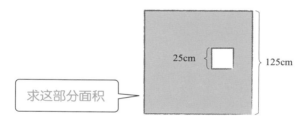

25cm 125cm

求这部分面积

大正方形的边长为125cm，小正方形的边长为25cm。因此，可以得到下列算式：

粉色部分的面积 $=125^2-25^2$

可是，如果使用普通方法来计算这个算式的话，会十分烦琐。

然而，如果掌握了以下公式，那结果会变成怎样呢？

$a^2-b^2=(a+b)(a-b)$

将算式代入这个公式可以得到：

$$125^2 - 25^2$$

$$= (125 + 25)(125 - 25)$$

$$= 150 \times 100$$

$$= 15000$$

如此这般，心算即可得出答案。

只要掌握相关知识，就能立即进行"速算"！

"速算"，顾名思义就是"快速计算"，却也不一定绝对是心算。也可以在纸上打了草稿以后，根据该内容进行速算。

心算法并非一朝一夕就可以掌握，而是需要大量的练习。但是，**只要掌握相关的知识，速算法却是谁都可以立即轻松驾驭的**。这是因为，速算法通常是把计算转化为更简单的形式。

比如说，如果碰到了下面这个问题你会如何解答？

$$365 - 99 = ?$$

如果按照在学校学习的计算方法"减不了的时候，从上一位退位借 1 来减……"，就会变成这样烦琐的竖式，还很有可能会出现计算错误。

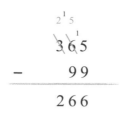

但是，如果按照本书介绍的速算法来计算，就会是这样："365减去100等于265，再加1等于266"。

$365-100+1=266$

这种方法十分简单便利，计算错误也会大幅减少。

如此这般，**速算法是一种针对摆在面前的问题，找出能够立即应对的计算方法，从而"快速、正确、简单"地算出答案的一种技巧，**需要能够随机应变，所以大概也能够称为一种头脑体操吧。

02 掌握"补数的使用技巧"

大家在日常的生活和工作中碰到难题时，经常也会通过把问题拆分或组合的手段来寻求圆满的解决方法。速算也是同理。乍一看好像很复杂的计算，也可以通过找出数字的组合后进行分类，转化成能够轻松处理的问题。

作为例子，大家来处理一下下列计算吧：

365000−14912＝？

如果按照普通方法来计算，又会是"借1以后……"这类烦琐的计算。那么，不妨试试拆分的计算方法哦：

365000−14912

＝350000+15000−14912

＝350000+88

＝350088

考虑到要减的数字是14912，所以如果将365000拆分成两个数字来考虑的话，计算立马就会变得非常简单了。

那么，再来试着处理一个乍一看就很麻烦的计算吧：

4799+599+1532+902+218＝？

如果能够察觉到"4799、599和902"，"1532和218"分别是同类这个特征，就可以将它们分类计算了：

（4799+599+902）+（1532+218）

＝（4800−1+600−1+900+2）+（1532+218）

＝6300+1750

=8050

就像这样，能够频繁地灵活运用**拆分、合体（离合集散）**的技巧。

在速算法中，**"补数"**这个便利工具异常活跃。虽说平时在学校无法学习到它，但是毫无疑问，它能够让计算变得更加简单。

这里就以刚才的"4799+599+1532+902+218"这个问题为例为大家说明一下吧。4799 加 1 就能变为 4800；599 加 1 就能变为 600。此时我们就称"1 是 4799 的补数（对 4800）""1 是 599 的补数（对 600）"。4800 和 600 是作为基准的数字，所以我们称之为**"基准数"**。

来看看具体的例子吧。

"9 对 10 的补数为 1"（基准数为 10）。

"2 对 100 的补数为 98"（基准数为 100）。

"955 对 1000 的补数为 45"（基准数为 1000）。

"1002 对 1000 的补数为 −2"（基准数为 1000）。

如同上例，补数也有可能为负数。平时多以 10、100、1000 等数字作为基准数来使用，但是根据情况也会使用其他的数字（如 300、500）。

在速算的世界中经常会使用到补数的概念。这里就用之前提到的例子"365−99=？"来为大家说明一下吧。

此时，如果我们注意到 99 的补数为 1 这件事，那么就可以将其表示为：

99=100−1

于是，就可以把计算转化为下列的形式：

$$365-99=365-(100-1)=365-100+1=266$$

容易计算的数字　小额数字的加法

按照原来的"99"来计算的话会较为烦琐，所以此处我们使用其对 100 的补数 1。如此一来，就能化减法为加法，计算也变得十分简单。上述的例子中出现的基准数是 100，这个数字在十进制数的加法、减法、乘法、除法（这四种计算被称作四则运算）中，都十分容易计算，所以并没有太大的影响。

补数的求法

把 a 对基准数 c 的补数是 b 用公式来表示，可以写成：$a+b=c$。因此，根据 $b=c-a$ 就可以求出 a 对基准数 c 的补数 b 了。

例如，8 对基准数 10 的补数为 2。像这样如果基准数很小，那么补数也就很容易能够求出来；可如果基准数很大，那就有点麻烦了。如果突然被人问道"654对1000的补数是多少"，你肯定会不知所措吧。其实此时，**只需要把各个位数的数字对9的补数列举出来，最后再加1就可以了。**

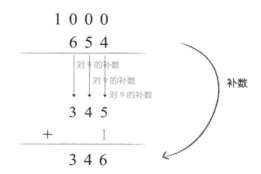

换句话说，就是"列举出各个位数对 9 的补数，除了个位是列举对 10 的补数"的意思。

如果计算中有与 10 或 100 相近的数字，那么只要通过寻找容易计算的数字伙伴，将鱼龙混杂的数字计算集中处理，这样只需下一次功夫就可以超快速地计算"加法、减法"了。只要能够掌握方法，谁都可以瞬间变身速算达人哦。

Part 1

仅使用"＋""－"的超快速计算

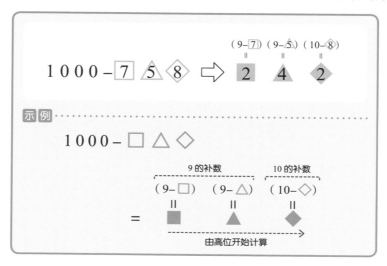

大家平时用一千日元、一万日元买东西计算找零的时候，如果从个位数一直往上计算，那会非常麻烦。此时，只需要由高位开始，计算出**要减去的数字的各个位数对 9 的补数**即可。需要注意的是，**只有个位是需要计算对 10 的补数**。接下来就用竖式减法的形式来为大家展示一下其中的原理。

① $100-87=1$（$=9-8$）3（$=10-7$）$=13$

② $1000-298=7$（$=9-2$）0（$=9-9$）2（$=10-8$）$=702$

欧美风格的零钱计算法

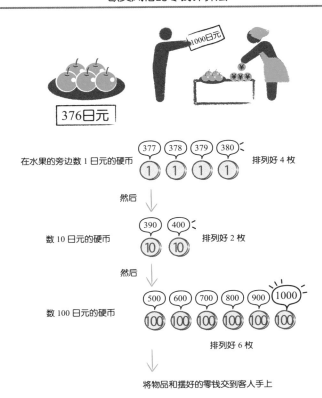

376日元

在水果的旁边数 1 日元的硬币 — 377 378 379 380 — 1 1 1 1 — 排列好 4 枚

然后

数 10 日元的硬币 — 390 400 — 10 10 — 排列好 2 枚

然后

数 100 日元的硬币 — 500 600 700 800 900 1000 — 100 100 100 100 100 100

排列好 6 枚

将物品和摆好的零钱交到客人手上

容易计算的数字

$$71 - 53 \quad \Rightarrow \quad 71 - \boxed{50} - \langle 3 \rangle$$

示例

$$\bullet - \triangle = \bullet - \square - \Diamond$$

此处,□是容易计算的数字

　　在做**减法运算**的时候，如果对象是容易计算的数字，那么运算就会变得非常轻松。因此，有一种技巧就是把这个减法运算分成两部分来完成。先把要减去的数字拆分为容易计算的数字和其他数字，然后计算容易计算的数字部分的减法，最后再减去剩下的部分就可以得到答案了。

　　也就是说，不是只做 1 次减法，而是要将其拆分成几次来完成。今后大家在做减法运算的时候，不妨利用"**先减去容易计算的数字，再减去剩余部分**"这样的思考方式来计算。为了论证这个理论,请试着解答一下接下来的例题。这样大家应该就能明白，比起普通的计算方法，这种方法会更加轻松。

例题 ① 981−67

=981−60−7

=921−7

=914

② 1981−603

=1981−600−3

=1381−3

=1378

③ 759−298

=759−200−98

=559−90−8

=469−8

=461

这种情况，也可以不用200而用300哦。

759−298
=759−300+2
=459+2
=461

随机应变！

容易计算的数字

$$35 + 98 \Rightarrow 35 + \boxed{100} - 2$$

示例 ....

基准数　△的补数

$$\bullet + \triangle = \bullet + \square - \diamond$$

在加法运算中，通过补数来让运算变得顺畅的例子有很多。

（1）将加数（被加数）转化为容易计算的数字。

如果是 35+98，则转化为 35+100

（2）再减去对容易计算数字（100）的补数。

35+100-2

这种方法就是速算法里的典型方法：**先加容易计算的数字，然后再减去"多加的数"**。这样一来，就能把原本复杂的加法运算转化为单纯数字的减法运算了。

例题　① 35+58

=35+60-2

=93

② 79+43

=80−1+43

=122

③ 98+65

=100−2+65

=165−2

=163

④ 998+862

=1000−2+862

=1862−2

=1860

⑤ 98+97

=100−2+100−3

=200−5

=195

$$685 - \triangle{87} \Rightarrow 685 + \diamond{13} - \boxed{100}$$

87 的补数　　　基准数

示例

△的补数　　基准数

$$● - \triangle = ● + \diamond - \square$$

通常来说，加法运算会比减法运算更加简单。这样想来，**把减法转化为加法**这件事，应该也会与速算挂钩。此处使用的工具还是补数。如同上述类型，在减法运算中，只要利用减数的补数就可以将其变形为加法运算。当然，最后不要忘记还要减去基准数哦。

例题　① 343-67

　　　=343+33-100

　　　=376-100

　　　=276

　② 1100+862

　　=1100+138-1000

$=1238-1000$

$=238$

③ $10000-97$

$=10000+3-100$

$=9900+3$

$=9903$

为什么能够进行这样的计算呢？让我们从数学的角度来看一看吧。假设 a 对基准数 c 的补数为 b，那么就能得到以下等式：

$a+b=c$ 也就是 $a=c-b$

因此，

$x-a$

$= x-（c-b）$

$= x+b-c$

$= x+（补数 - 基准数）$

以上就是这个技巧的正确表现方式。在这个技巧中，基准数并不一定总是"10、100、1000……"这样的数字，也可以是 300、500 等数字。还有一些例子，也请当作参考。

例题 ① 650-981+701-495+309

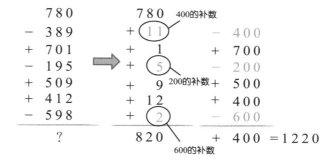

② 780-389+701-195+509+412-598

	780	780	400的补数	
	− 389	+ 11	− 400	
	+ 701	+ 1	+ 700	
⟹	− 195	+ 5	− 200	
	+ 509	+ 9	200的补数 + 500	
	+ 412	+ 12	+ 400	
	− 598	+ 2	− 600	
	?	820	+ 400	= 1 2 2 0
			600的补数	

$$35-58+72-64+21-15$$

$$\Rightarrow \quad 35+72+21-58-64-15$$

$$\Rightarrow \quad (35+72+21)-(58+64+15)$$

将加法运算集中　　　　将减法运算集中

　　如果运算中既混有加法也混有减法，那光是看着都会很头疼。这时候如果将加法运算和减法运算分别集中处理，就可以得到一个以"加法"为中心的运算了，只需要在最后做一次减法运算就好了。关于大量数字的加法运算，在第 13 小节会为大家介绍效率更高的运算技巧。

例题　① 28−12+73−29

$$
\begin{array}{r}
28 \\
+\ 73 \\
\hline
101
\end{array}
$$
（将加法运算集中）

集中减一次
↓
−

$$
\begin{array}{r}
12 \\
+\ 29 \\
\hline
41
\end{array}
$$
（将减法运算集中）

➡ 60

② 433−522+679−211+831−198

$$
\begin{array}{r}
433 \\
+\ 679 \\
+\ 831 \\
\hline
1943
\end{array}
$$
（将加法运算集中）

集中减一次
↓
−

$$
\begin{array}{r}
522 \\
+\ 211 \\
+\ 198 \\
\hline
931
\end{array}
$$
（将减法运算集中）

➡ 1012

$$102+97+105+99$$

偏差的校正

↓

$$\Rightarrow 100 \times 4 + (2 - 3 + 5 - 1)$$

↑

作为基准的数字

上述算式中的所有数字，都是数值上与 100 非常接近的数字。如果以正常的方式一个个计算，既无趣又容易出错。此时，**可以先找到一个作为基准的数字（此处为 100），以"基准数 ×4"的形式先计算一次，然后再用基准数加上或减去偏差的部分。如此一来，不仅会减少犯错，计算也会变得迅速。**因为基准数选什么数字都可以，所以就选择能够让加减法运算变得简单的数字吧。

例题　① 49+52+54+48

$$= (50-1) + (50+2) + (50+4) + (50-2)$$

$$= 50 \times 4 + (-1+2+4-2)$$

$$= 200+3$$

$$= 203$$

② 812+799+783+802

$$= (800+12) + (800-1) + (800-17) + (800+2)$$

$=800 \times 4 + (12 - 1 - 17 + 2)$

$=3200 - 4$

$=3196$

$$102+309+191+98$$
$$⟹ \quad （102+98）+（309+191）$$

　　像上述这种算式，如果盲目地计算那就复杂了。不妨先观察一下算式，暂缓片刻。速算的精髓就在于要去思考"有没有方法能够使这个计算变得更加简单"。此时，需要考虑的就是，**"看看能不能找到合适的组合，造出容易计算的数字"**，也就是所谓地寻找伙伴。当然，容易计算的并不仅限于 100 这个数字，也可以是 30，或者是 200。

例题 ① 99+508+301+392

　　=（99+301）+（508+392）

　　=400+900

　　=1300

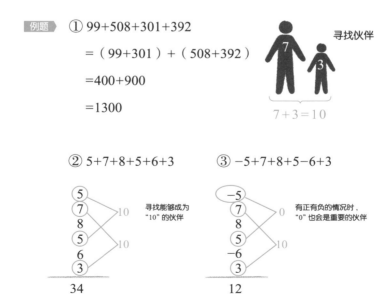

寻找伙伴

$7+3=10$

② 5+7+8+5+6+3

寻找能够成为"10"的伙伴

34

③ −5+7+8+5−6+3

有正有负的情况时，"0"也会是重要的伙伴

12

$$3 + ⑤ + 4 + ⑤ + ⑤ + 6 + ③ + ③ + ⑤ + ③$$

$$⇨ \quad ⑤ × 4 + ③ × 4 + 4 + 6$$

示例 ....

$$● + □ + ◇ + ● + ● + ○$$

$$= ● + 3 + (□ + ◇ + ○)$$

转换为乘法！

　　乘法运算，原本就是为了能够迅速计算相同数字的加法才被创造出来的。因此，有些问题可以通过灵活使用乘法运算来达到速算的目的。即使不是全部的数字，但是如果能将相同的数字集中起来处理，将会省不少力气。

例题 　① 5+5+8+5+6+5 　　② 7−3+5+7−3−3+7

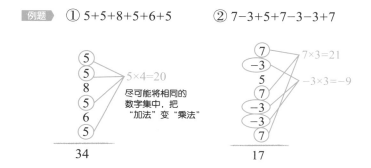

尽可能将相同的数字集中，把"加法"变"乘法"

$5×4=20$

$7×3=21$

$−3×3=−9$

34

17

"退位"减法运算中好用的补数法

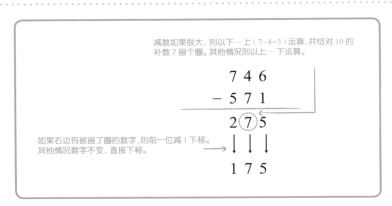

减数如果很大，则以下 − 上（7−4=3）运算，并给对 10 的补数 7 画个圈。其他情况则以上 − 下运算。

$$746$$
$$-\,571$$
$$2\,\textcircled{7}\,5$$

如果右边有被画了圈的数字，则前一位减 1 下移。其他情况数字不变，直接下移。

$$1\ 7\ 5$$

　　减法运算的普通方法是，先看两个数的"个位数"，用上方的数字减去下方的数字。这种时候，如果下方的数字比上方的数字大，那么就从十位借 1（也就是 10）来减，这就是"退位"的计算。然后，只要再重复同样的操作接着去计算十位、百位，就一定可以得出答案。

　　可是，有退位的减法运算十分烦琐，所以人们就想出了以下的方法。

　　（1）用各个位数上方的数字减去下方的数字（无论从哪一位开始计算都可以）。此时，如果下方的数字比上方的数字大，那么就用下方的数字减去上方的数字，得到一个数字后，取其对 10 的补数填上并画个圈框起来。比如"5−7"时，则应该填写"7−5=2"的补数 8，并画个圈。

　　（2）对于每位数来说，如果右边有被画了圈的数字，则减去 1。如果没有，就沿用该数字。需要说明的是，如果是 0 的右边有数字被画圈，那么就需要从 0 的左边位数借 1，然后再用 10 减去 1 即为 9。而此时左边位数的数需要减去 1。

根据这两个步骤即可轻松计算退位减法运算。可是，为什么这种计算方法能够成立呢？那是因为在某位上，如果下方的数字比上方的数字大，则需要从高位借 1（其实是 10），加上上方的数字以后再减去下方的数字。请参照以下例子。

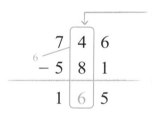

(1) 4−8 减不了，所以从百位借 1，变为 14−8=6。
而这个 "6" 即是 8−4，也就是下 − 上的补数。

(2) 此时，百位需要 "−1"。

例题 ① 2246−591

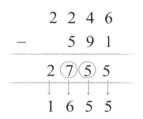

(1) 下方数字较大时，"下 − 上" 填写补数。

(2) 数字不变，直接下移。注意，当右方有画圈的数字时需要 "−1"。

② 41651−39675

$$\begin{array}{r} 4\ 1\ 6\ 5\ 1 \\ -\ 3\ 9\ 6\ 7\ 5 \end{array}$$

1 ②0 ⑧⑥

0 1 9 7 6

因为是"01976"，
所以答案为"1976"

0 的右方有画圈的数字
时，需要从 0 的左边位数
（此处为 2）借 1。

$$75 - 58 \Rightarrow (75 + 2) - (58 + 2)$$

将 58 转化成容易计算的 60 之后再减

示例

$$\Box - \bigcirc = (\Box + \Diamond) - (\bigcirc + \Diamond)$$

在减法运算中，如果减数是很容易计算的数字，那么运算就会变得十分简单。虽说如此，但减数不会每次都是像 60 或 80 这样的数字。因此，这种时候，下面的技巧就能够起作用了。

"将减数转化成容易计算的数字之后再减！"

将被减数放在一旁不管，减数转化成容易计算的数字。像 75−58 这样的算式则将"58"转化成"60"。这样一来应该就能轻松进行减法运算了吧。而因为减数加了 2，所以 75 也同样加 2。

75−58

=（75+2）−（58+2）

将减数转化成容易计算的数字，来使减法运算变得更加轻松

=77−60

=17

这种想法就是将"没有的东西"考虑成"有的东西"再运用到速算中。

例题 ① 981−67

= （981+3）− (67+3) ——— 转化成容易计算的数字

=984−70

=914

② 759−298

= （759+2）− (298+2) ——— 转化成容易计算的数字

=761−300

=461

③ 981−62

= （981−2）− (62−2) ——— 转化成容易计算的数字

=979−60

=919

和尚与驴 "不可思议的遗产分配"

　　有一个有名的故事叫作"和尚与驴"，这个故事就非常完美地运用了上一小节为大家介绍的，将"没有"的东西考虑成"有的"东西这种思考方式。故事的内容是这样的：现在有一位拥有 17 头驴的父亲撒手人寰，留下了 3 个孩子和一封如下所示的遗书：

　　大儿子……分给他 17 头驴的 $\frac{1}{2}$

　　二儿子……分给他 17 头驴的 $\frac{1}{3}$

　　小儿子……分给他 17 头驴的 $\frac{1}{9}$

　　如果按照遗言来分配，那么大儿子将分得8.5头，二儿子5.666…头，小儿子1.888…头。不可能为了将小数点以下的部分完全分配，就将驴给杀了，所以这三兄弟一时竟拿不定主意了。就在这时，突然来了个和尚，他对三兄弟说："我把我的1头驴借给你们，你们凑成18头以后再分配试试吧。"于是他们把和尚的那头驴加上之后，再次按照遗书的内容来分配，就变成了如下的情况：

大儿子……18 头驴的 $\frac{1}{2}$ → 9 头（＞8.5 头）

二儿子……18 头驴的 $\frac{1}{3}$ → 6 头（＞5.666…头）

小儿子……18 头驴的 $\frac{1}{9}$ → 2 头（＞1.888…头）

不但每个人分配到的驴的数量比遗书说的要多，而且还都是整数，所以三兄弟非常满意。而此时，分配给三兄弟的驴总数是 9+6+2 ＝ 17 头。因为 18−17 ＝ 1，所以，最终和尚就骑着剩下的那头驴走了。请大家想一想，为什么会发生这样的事情呢？

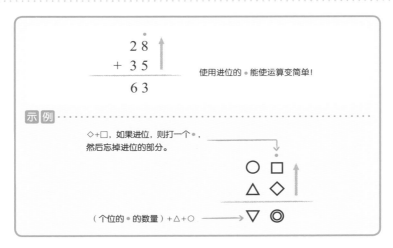

使用加法运算加各个位数的数字的过程中，如果发生了进位的情况，那么就会变成两位数的加法，略显烦琐。因此，**每次发生进位情况时，大家只要在上面打一个"·"，就可以把进位的部分暂时忘掉了。这样一来，不论何时在计算中都只需要计算一位数。** 而发生了进位的数字只需要最后去数点的个数就好了。

（1）将个位的◇和□相加，如果发生了进位，则在□的上面打一个点；如果没有发生进位则不打。随后，只需要在下方填写◇和□的和◎即可。

（2）最后，在▽的位置，填上个位的点的数量和十位的数△、○相加之和。

不管加数在两个以上，或者更多，计算方法都一样。接下来就来给大家具体介绍一下。其中详细讲解第一个例子。

◎ 98+65+73+46

（1）首先列出竖式。

$$
\begin{array}{r}
9\,8 \\
+\ 6\,5 \\
+\ 7\,3 \\
+\ 4\,6 \\
\hline
\end{array}
$$

（2）将数字从下往上相加，在发生进位的数字头上打点。此时，6+3+5=14，所以在 5 的上面打一个点，然后就先将此进位放在一边不管，仅使用个位数的 4 继续往上加。

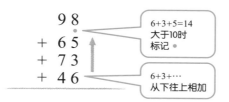

（3）接着，4+8=12，又发生了进位，所以在数字 8 的上面也打一个点。如此一来，个位数的计算就结束了。最后只需要将得出的结果 12 的个位上的数字 2 填写到下方即可。

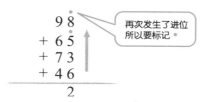

（4）因为个位的数字上面打的点一共有 2 个，所以

要把 2 加到十位的数字上。然后跟个位的方法一样，从下往上相加，发生进位时在该数字的上面打点。此处，2+4+7=13，所以在 7 的上面打点。然后就将此进位放在一边不管，用 13 的个位数字 3 继续往上加。

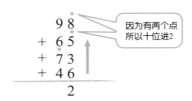

（5）由 3+6+9=18 可知发生了进位，所以在数字 9 的上面打一个点。十位的计算结束后，将得出的结果 18 的个位的数字 8 填写至下方。

$$
\begin{array}{r}
9\ 8 \\
+\ 6\ 5 \\
+\ 7\ 3 \\
+\ 4\ 6 \\
\hline
8\ 2
\end{array}
$$

（6）最后，把十位的数字上面点的数量 2，填写至百位处。

十位上的点有2个，所以百位处填写2

$$
\begin{array}{r}
9\ 8 \\
+\ 6\ 5 \\
+\ 7\ 3 \\
+\ 4\ 6 \\
\hline
2\ 8\ 2
\end{array}
$$

◎ 384+752+698

因为说明过程十分冗长，所以此处只列出计算结果。

下方左边是从下往上相加的计算例子，右边是从上往下相加的计算例子。

```
    3 8 4              3 8 4
  + 7 5 2            + 7 5 2
  + 6 9 8            + 6 9 8
  ───────            ───────
  1 8 3 4            1 8 3 4
```

例题　请尝试计算下列问题。

```
①      3 8                    3 8
      +  5                  +  5
      + 7 6        ⇒        + 7 6
      + 8 7                 + 8 7
      + 4 2                 + 4 2
      ─────                 ─────
                            2 4 8
```

```
②      6 2 8                  6 2 8
      +   7 9       ⇒        +   7 9
      + 8 9 8                + 8 9 8
      ───────                ───────
                            1 6 0 5
```

```
③      5 3 8 4                5 3 8 4
      + 1 9 8 7               + 1 9 8 7
      + 6 6 7 4     ⇒         + 6 6 7 4
      + 9 1 5 5               + 9 1 5 5
      ─────────              ─────────
                            2 3 2 0 0
```

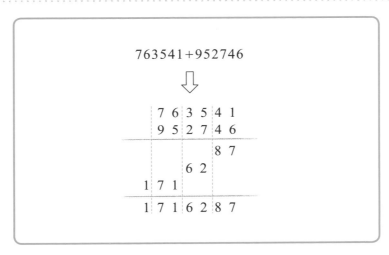

平时在进行数值较大的数字间的加法运算时，一般都是列出竖式后，从个位开始一直加到最高位。而在此过程中，如果发生了进位的情况，则需要一边处理进位，一边继续往高位加。

关于这种情况的速算，如上述所示，**可以先把数字以两位区分之后再来进行加法运算，最后再一边处理进位，一边处理两位数的和。**

只需要做到这一点，那么即使是数值较大的数字间的加法运算，也可以很迅速地计算出答案。虽然计算过程会比较占地方，但是胜在准确率高。

$$
\begin{array}{cccccccc}
9 & 4 & 0 & 9 & 7 & 3 & 8 & 5 \\
5 & 2 & 1 & 7 & 4 & 2 & 5 & 7 \\
\end{array}
$$

一位一位地加需要计算 8 次再加上处理进位，两位两位地计算只需要计算 4 次就能得出答案。

当然，不仅仅是以两位，还有以一位或以三位区分计算的方法。下方的左边是以一位区分，右边是以三位区分计算的例子。

阿拉伯数字的可贵之处

　　人们对平时经常使用的东西，往往会缺乏一种感激之情，也难以认识到其便利之处。在数字的世界中也同样如此。

　　我们在日常生活工作中使用的"0 1 2 3 4 5 6 7 8 9"数字被称作**阿拉伯数字**。这是一种起源自**印度数字**的十进制计数法的数字。之所以起源于印度，但最终却被人们称作"阿拉伯数字"，其实是因为在历史上，这种数字是通过阿拉伯传到欧洲去的。其也被称作"计算用数字"。

　　除了阿拉伯数字外，**罗马数字**也时常会被人们用到。下表列出了罗马数字和阿拉伯数字的对比，一目了然即可看出阿拉伯数字在计算中会十分便利。另外，罗马数字中不存在能够和 0 对应的数字。

罗马数字	阿拉伯数字	罗马数字	阿拉伯数字	罗马数字	阿拉伯数字
I	1	XIV	14	XC	90
II	2	XV	15	C	100
III	3	XVI	16	CC	200
IV	4	XVII	17	CCC	300
V	5	XVIII	18	CD	400
VI	6	XIX	19	D	500
VII	7	XX	20	DC	600
VIII	8	XXX	30	DCC	700
IX	9	XL	40	DCCC	800
X	10	L	50	CM	900
XI	11	LX	60	M	1000
XII	12	LXX	70	MM	2000
XIII	13	LXXX	80	MMM	3000

　　现在除了阿拉伯数字和罗马数字，还有汉字数字，只不过这种数字似乎也不适用于计算。

这一章会为大家介绍类似 35 的平方、41×39 等的秒速计算技巧。其实，像这类的乘法、除法运算运用速算法的原理十分简单。与加法、减法运算相同，经常会用到容易计算的数字和补数。这一章也会将笔算法展示给大家。

Part 2

加上"×""÷"后速算的厉害之处

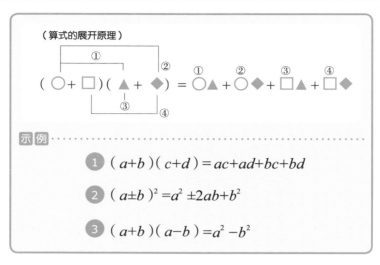

（算式的展开原理）

$(○+□)(▲+◆)=○▲+○◆+□▲+□◆$
① ② ③ ④

示例

① $(a+b)(c+d)=ac+ad+bc+bd$

② $(a±b)^2=a^2±2ab+b^2$

③ $(a+b)(a-b)=a^2-b^2$

这一小节将会为大家讲解乘法的速算。其实速算的原理十分简单：只需灵活运用上述的三种类型即可。所以，如果条件允许，最好能够把这些公式背下来。

例题 ① $201×302$

$=(200+1)(300+2)$

$=60000+400+300+2$

$=60702$

② 203^2

$=(200+3)^2$

$=40000+1200+9$

=41209

③ 201×199

=（200+1）（200−1）

=40000−1

=39999

值得一提的是，类似上一页第二项的（$a\pm b$）²形式的展开式，如果 2 次方变成了 3 次方、4 次方等较大的数字，那么其展开式也会变得异常复杂，难以记忆。然而，如果仔细观察不难发现，其中的系数是遵从杨辉三角规律的，所以即使不记得展开式也没有关系。

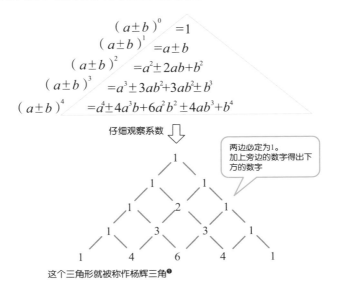

$$(a\pm b)^0 = 1$$
$$(a\pm b)^1 = a\pm b$$
$$(a\pm b)^2 = a^2\pm 2ab+b^2$$
$$(a\pm b)^3 = a^3\pm 3ab^2+3ab^2\pm b^3$$
$$(a\pm b)^4 = a^4\pm 4a^3b+6a^2b^2\pm 4ab^3+b^4$$

仔细观察系数

两边必定为1。
加上旁边的数字得出下方的数字

这个三角形就被称作杨辉三角❶

---

❶ 日文原意为帕斯卡三角形。——译者注

16 "十位数是 1" 的两位数之间的乘法运算

$$1③ × 1⑤ \Rightarrow ((10) + ③ + ⑤) × 10 + ③ × ⑤ \Rightarrow 195$$

示例

$$1○ × 1□ = (10+○+□)×10+○×□$$

从 11 到 19 的两位数之间的乘法运算，答案绝不可能
为四位数，而必定为三位数，而且各个位数还有如下的
关系：

前两位数等于"10 + 双方的个位数之和"，

后一位数等于"双方的个位数之积"（如果得出的数
是两位数则需进位）。

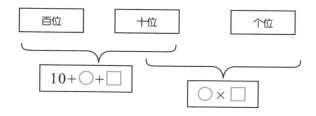

例题 ① 14 × 15

　　　= (10+4+5) × 10+4 × 5

　　　=190+20

　　　=210

② 11×15

= （10+1+5）×10+1×5

=160+5

=165

③ 17×11

= （10+7+1）×10+7×1

=180+7

=187

④ 17×14

= （10+7+4）×10+7×4

=210+28

=238

⑤ 18×12

= （10+8+2）×10+8×2

=200+16

=216

实际使用起来既简单又便利。那么，大家一起来看一下两位数之间的乘法运算到底是否能够这样计算吧。这里假设十位数是 1 的两个两位数的整数分别是 "10+a" 和

"10+b"，于是可以写成下列形式（a、b 为大于 0，小于 9 的整数）：

（10+a）（10+b）

=100+10a+10b+ab

=（10+a+b）×10+ab ①

如果将①式的 a 和 b 分别用○和□表示的话，就是：

（10+ ○ + □）×10+ ○ × □，由此可以推出本小节最初提出的公式成立，再将开头的问题代入此公式中，即可得到下列的式子：

13×15=（10+3+5）×10+3×5

此速算法还可适用于类似 "13×24" 的计算。此时，只需要转化成（13×12）×2 来计算即可。

例题 请尝试解答下列问题。

① 12×13

前两位为 10+2+3 等于 15（也就是 150），后一位是 2×3 等于 6，答案是 150+6=156。

② 14×13

前两位为 10+4+3 等于 17（也就是 170），后一位是 4×3 等于 12。12 需要进 1 位，所以答案是 170+12=182。

③ 14 × 18

前两位为 10+4+8 等于 22（也就是 220），后一位是 4×8 等于 32。32 需要进 3 位，所以答案是 220+32=252。

④ 18 × 19

前两位为 10+8+9 等于 27（也就是 270），后一位是 8×9 等于 72。72 需要进 7 位，所以答案是 270+72=342。

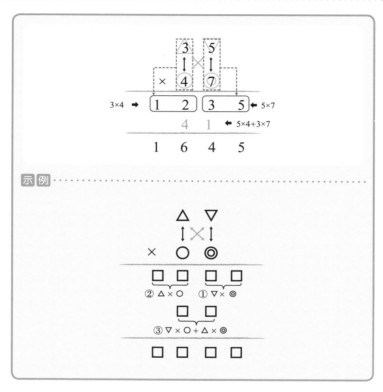

示例

两位数之间的乘法运算，如果按照普通方法来做，需要将所有的数字分别相乘后相加。但是，请看上图的示例：①个位数之间的乘法运算，②十位数之间的乘法运算，③个位和十位数交叉相乘并相加——再将得到的所有数字相加即可得出答案。使用这种方法，无需考虑运算途中的进位计算，比较能够达到速算的效果。需要说明的是，关于三位数以上的数之间的乘法运算，会在之后为大家介绍一个效率更高的方法。

例题 ① ②

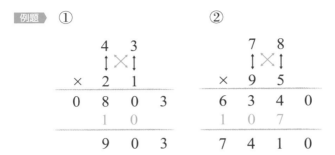

如果交叉相乘的结果难以用心算计算的话，那么建议大家最好分成两个步骤来写（即■的部分）。

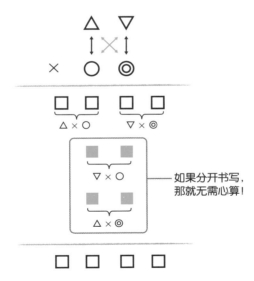

如果分开书写，那就无需心算！

18 "与11相乘的运算"直接写数字即可

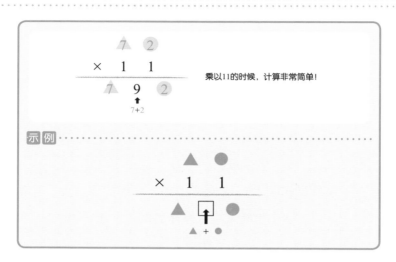

两位数的数字与 11 的乘法运算方法如上图所示。也就是说，答案的个位数(●)和与 11 相乘的此两位数(▲●)的个位数字相同；答案的百位数(▲)与此两位数的十位数字相同；答案的十位数数值(▲＋●)等于此两位数的个位数和十位数相加。需要说明的是，如果这个十位数的数值为两位数，则需要进位处理。

例题

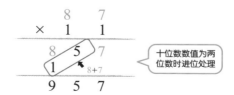

十位数数值为两位数时进位处理

19 "三位数 × 一位数"也能使用笔算法

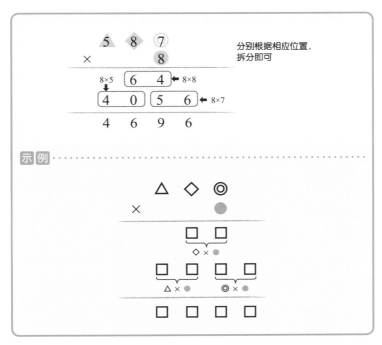

三位数的数字与一位数的数字的乘法运算方法如上图所示：先将三位数十位上的数字（◇）乘以一位数的数字（●），然后把三位数个位上的数字（◎）乘以一位数的数字（●）和三位数百位上的数字（△）乘以一位数的数字（●）得到的两位数分别填写在下一行的左边和右边，最后只需要将上下两行的数字相加即可得到答案。这种计算方法乍一看好像很复杂，但是好处是可以不用理会进位处理，仅使用九九乘法口诀就可以轻松解答。

20 瞬间作答"个位数为 5"的数字的平方

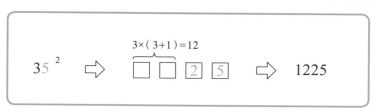

$$3 \times (3+1) = 12$$

$$35^2 \quad \Rightarrow \quad \boxed{}\,\boxed{}\,\boxed{2}\,\boxed{5} \quad \Rightarrow \quad 1225$$

这一小节介绍的是关于平方的计算。**类似"□5"这样个位数为 5 的数字的平方，后面两位数的数字肯定会是 25，前面两位数的数字肯定会是□×（□＋1）这种形式。** 这个公式对于个位上的数字为 "5" 的所有数字都适用，所以是不是非常简单呢？

现在来计算 15^2，后两位数是 25，前面两位数是 1×（1+1）=2，所以答案是 "225"。大家赶紧通过例题来掌握这个技巧吧。

例题1　①

$$42\,(=6 \times 7)$$

$$65^2 = \overbrace{\boxed{}\,\boxed{}}\ \boxed{2}\ \boxed{5} = 4225$$

②

$$110\,(=10 \times 11)$$

$$105^2 = \overbrace{\boxed{}\,\boxed{}\,\boxed{}}\ \boxed{2}\ \boxed{5} = 11025$$

②的数字可是三位数哦，大家成功解答出来了吗？接下来就一起看一看为什么会有这样不可思议的计算吧。

首先，假设个位数为 5 的 n 位数为"$10a+5$"（a 为 $n-1$ 位的整数），那么这个数字的平方就可以表现为下面这种形式：

$$(10a+5)^2$$
$$=100a^2+100a+25$$
$$=100a(a+1)+25$$

可以看出，$100a(a+1)$ 正是百位以上的部分，而 25 正是后两位数。不仅仅是两位数数字的平方，接下来就请大家一起挑战一下三位数数字的平方吧。要是能够解开 995^2，那肯定会让周围的人们刮目相看。

例题 2　①

$$55^2 = \overbrace{\boxed{}\boxed{}}^{30\ (=5\times6)}\boxed{2}\boxed{5} = 3025$$

②

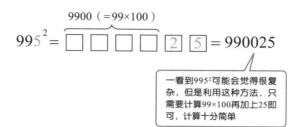

$$995^2 = \boxed{}\boxed{}\boxed{}\boxed{}\boxed{2}\boxed{5} = 990025$$

9900（=99×100）

一看到995²可能会觉得很复杂，但是利用这种方法，只需要计算99×100再加上25即可，计算十分简单

③

420（20×21）

$$205^2 = \boxed{}\boxed{}\boxed{}\boxed{2}\boxed{5} = 42025$$

21 "个位数之和为 10" 且 "其他位数字相同" 的乘法运算

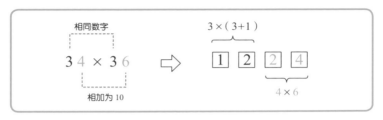

即将在这一小节为大家介绍的，也是一种非常便利的速算法。这种方法是将上一小节 "个位数为 5 的数字的平方" 一般化的方法，即如果两个数字个位数之和为 10，其他位数字相同，那么不管是数值多大的数字之间的乘法，都可适用。

34×36，符合个位数之和为 10，其他位数字相同这个设定。因此，只需要先将个位数相乘：$4 \times 6 = 24$，然后再将十位数代入 $\square \times (\square + 1)$ 的公式中：$3 \times (3+1) = 12$，即可得出答案为 1224。

例题 1　①

$$52 \times 58 = \overset{\displaystyle 30\,(=5 \times 6)}{\overbrace{\square\ \square}}\ \underset{\underbrace{1\ 6}}{\vphantom{1}}\, = 3016$$

2×8

②

$$593 \times 597 = \boxed{}\boxed{}\boxed{}\boxed{}\boxed{2}\boxed{1} = 354021$$

3540（=59×60）

3×7

这简直就是不可思议的计算！接下来就来看看这到底是为什么。

现在假设个位数之和为 10 的 2 个 *n* 位数整数分别为 "10*a*+*b*" 和 "10*a*+*c*"（*a* 为 *n*−1 位的整数，*b*+*c*=10），那么这两个数字的乘法运算就可以表现为接下来的这种形式：

（10*a*+b）（10*a*+*c*）
=100*a*^{2}+10*a*（*b*+*c*）+*bc*
=100*a*^{2}+100*a*+*bc*
=*a*（*a*+1）×100+*bc*

> 因为*b*+*c*=10，
> 所以10*a*（*b*+*c*）=10*a*×10=100*a*

因此，*a*（*a+1*）正是百位以上的部分，*bc* 则正好等于后面两位数。

例题2 ①

$$73 \times 77 = \boxed{}\boxed{}\boxed{2}\boxed{1} = 5621$$

56（=7×8）

3×7

②

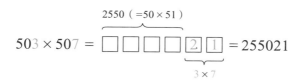

$$503 \times 507 = \boxed{}\boxed{}\boxed{}\boxed{}\boxed{2}\boxed{1} = 255021$$

即使是像②这种三位数之间的乘法运算，也可以通过心算得出答案。

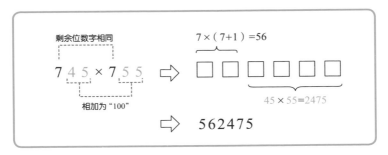

类似745×755或562×538这种，后两位数字之和为100（45+55=100，62+38=100），剩余位数（此处为百位）的数字相同的情况，也可以使用速算来迅速解答。

比如745×755的情况，则是7×（7+1）=56，45×55=2475，因此答案为562475。不过，由于此处还有45×55这样两位数之间的乘法运算，所以能够进行心算的情况，仅限于个位数是5或1这样简单的情况。

顺带一提，不知道大家有没有发现，这个速算法是上一小节"个位数之和为10，其他位数字相同的乘法运算"的一般化的公式。因此，不管是后两位数字之和为100，还是后三位数字之和为1000，又或者是后四位数字之和为10000，只要剩余位的数字相同，这个公式就成立。

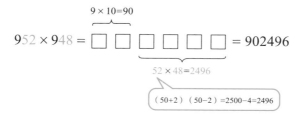

$$9 \times 10 = 90$$

$$952 \times 948 = \boxed{}\boxed{}\ \boxed{}\boxed{}\boxed{}\boxed{} = 902496$$

$$52 \times 48 = 2496$$

（50+2）（50−2）=2500−4=2496

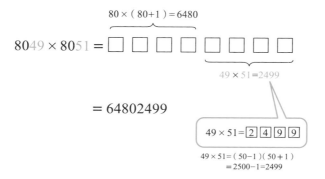

$$80 \times (80+1) = 6480$$

$$8049 \times 8051 = \boxed{}\boxed{}\boxed{}\boxed{}\ \boxed{}\boxed{}\boxed{}\boxed{}$$

$$49 \times 51 = 2499$$

$$= 64802499$$

$$49 \times 51 = \boxed{2}\boxed{4}\boxed{9}\boxed{9}$$

49×51=（50−1）（50+1）
=2500−1=2499

23 "个位数相同"且"十位数之和为10"的乘法运算

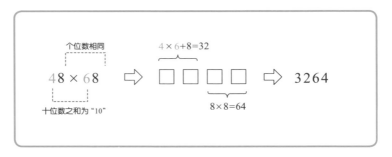

请观察上述算式，这是个位数相同，十位数"相加为10"的两个数之间的运算。这种情况，一般来说答案都为四位数的整数（也有为三位数的情况）。这种问题的答案，后两位数等于相同的个位数的乘积（上述情况为8×8），前两位数等于十位数之间的乘积（4×6）再加上个位数（8）的值。如果使用这种计算方法，心算也不在话下了。

例题1 ①

$$32 \times 72 = \boxed{\ }\boxed{\ }\boxed{\ }\boxed{\ } = 2304$$

23（＝3×7+2）

04（＝2×2）

②

$$24 \times 84 = \overbrace{\boxed{}\ \boxed{}\ \underbrace{\boxed{}\ \boxed{}}_{16\ (=4 \times 4)}}^{20\ (=2 \times 8 + 4)} = 2016$$

现在假设个位数为 c，十位数之和为 10 的两个数字分别为 "$10a+c$" 和 "$10b+c$"（a 和 b 均为一位数的整数，且 $a+b=10$），那么就可以进行下列计算：

（$10a+c$）（$10b+c$）

$=100ab+10c（a+b）+c^2$

$=100ab+100c+c^2$

$=（ab+c）\times 100+c^2$ ← 因为 $a+b=10$

（$ab+c$）$\times 100$ 的意思是将十位数的 a 和 b 的乘积加上个位数的 c 之后乘以 100 倍。因此，$ab+c$ 是百位和千位上的数字。此外，个位数 c 的平方——c^2 则等于个位数和十位数上的数字。

例题2 ①

$$53 \times 53 = \overbrace{\boxed{}\ \boxed{}\ \underbrace{\boxed{}\ \boxed{}}_{09\ (=3 \times 3)}}^{28\ (=5 \times 5 + 3)} = 2809$$

②

$$33\ (\ =6\times4+9\ )$$

$$69\times49\ =\ \square\ \square\ \square\ \square\ =\ 3381$$

$$81\ (\ =9\times9\ )$$

③

$$24\ (\ =3\times7+3\ )$$

$$33\times73\ =\ \square\ \square\ \square\ \square\ =\ 2409$$

$$09\ (\ =3\times3\ )$$

使用相同的数字

$$21\times19 \Rightarrow (20+1)(20-1)$$

$$\Rightarrow 400-1 \Rightarrow 399$$

示例

$$(\bigcirc+\square)(\bigcirc-\square)=\bigcirc^2-\square^2$$

这种类型的计算，需要将目光放到两个数字正中间的那个数字（平均值）上面。其实也就是第 15 小节的第三种类型，被人们称为"平方差公式"。

21×19，首先我们将目光放到 21 和 19 的正中间那个数值即平均值 20，然后就可以利用这两个数字与 20 的差 ±1，来将 21×19 表现成（20+1）（20-1），再代入，即可轻松得到答案。

$$21\times19=(20+1)(20-1)$$
$$=20^2-1^2$$
$$=400-1$$
$$=399$$

例题1 ① 22×18

$=（20+2）（20-2）$

$=20^2-2^2$

$=400-4$

$=396$

② 98×102

$=（100-2）（100+2）$

$=100^2-2^2$

$=10000-4$

$=9996$

③ 17×13

$=（15+2）（15-2）$

$=15^2-2^2$

$=225-4$

$=221$

在③的计算中，出现了 $15^2=225$，此处我们将其当成已知数。如果在尝试超级速算法时，希望能够极可能使用心算的话，推荐大家最好把 11~19 的平方值背下来会比较方便。

如下所示，是将 $a \times b$ 改写成平方差公式 $（m+n）（m-n）$的形式：

$a \times b=（m+n）（m-n）$

注意：$m=\dfrac{a+b}{2}$，$n=m-a$，且 $a<b$。

虽说此处介绍的这个方法适用于任何乘法运算，但是只有像 102 和 98 这种，与中心大概相差 ±2 或 ±3 的数字才能发挥其应有的作用，否则就会产生相反的效果。此外，这种方法的适用对象，仅限于两个数之间的数为容易计算的数字。

例题 2　① 63×57

$=(60+3)(60-3)$

$=60^2-3^2$

$=3600-9$

$=3591$

② 99×101

$=(100-1)(100+1)$

$=100^2-1^2$

$=10000-1$

$=9999$

③ 310×290

$= （300+10）（300-10）$

$=300^2-10^2$

$=90000-100$

$=89900$

$$98 \times 97 \Rightarrow (100-2)(100-3)$$

$$\Rightarrow \underbrace{9\ 5}_{100-(2+3)}\ \underbrace{0\ 6}_{2\times3}$$

示例 ·········

$$a \times b = (100-\hat{a})(100-\hat{b})$$

$$= \underbrace{\Box\ \Box}_{\uparrow}\ \underbrace{\Box\ \Box}_{\uparrow}$$

$$\underset{100-(\hat{a}+\hat{b})}{\quad} \quad \underset{\hat{a}\times\hat{b}}{\quad}$$

　　像上述 98×97 的乘法运算，可以通过利用 98 对 100 的补数 2 和 97 对 100 的补数 3 来进行。其中的技巧是，两位数之间乘法运算答案的后两位数即为补数之积，此处为 2×3=6。然后，百位上的数为 100 减去两个补数之和的数字，此处为 100−（2+3）=95。

　　值得一提的是，如果补数之间的积超过了两位数，毫无疑问需要向百位进位。

① 95×98

$= (100-5)(100-2)$

$= \boxed{93}\boxed{10}$

└─ $5 \times 2 = 10$

└─ $100-(5+2)=93$

② 101×102

$= (100+1)(100+2)$

$= \boxed{103}\boxed{02}$

└─ $1 \times 2 = 2$

└─ $100-(-1-2)=103$

③ 101×98

$= (100+1)(100-2)$

$= \boxed{9900}\boxed{-2}$

└─ $-1 \times 2 = -2$

└─ $100-(-1+2)=99$

$= 9898$

在②的计算中，补数为 −1 和 −2；而③的计算中，补数为 −1 和 2，将其代入公式中可以得到百位为 99，个位为 −2。因此，9900−2 就得出了答案 9898。

接下来我们通过算式变形来了解一下，这种计算方法到底为什么能够算出答案。

98×97

$= (100-2)(100-3)$

$= 10000 - 2 \times 100 - 3 \times 100 + 2 \times 3$

$= [100-(2+3)] \times 100 + 2 \times 3$

从上述变形可以看出，千位和百位的数为 100−（2+3），十位和个位为 2×3。而本小节给出的公式就是将此一般化的产物了。

这种类型的计算技巧，随着补数数值越大，能够获得的便利性也就越小，所以请大家尽量在补数数值很小的时候使用。

例题2 960×940

$= （1000-40）（1000-60）$

$= （1000-40-60） \times 1000+（40 \times 60）$

$=902400$

$$99 \times 78 \Rightarrow (100-1) \times 78$$

示例 ⋯⋯⋯⋯⋯⋯⋯⋯⋯⋯⋯⋯⋯⋯⋯⋯⋯⋯⋯⋯⋯⋯⋯⋯⋯⋯⋯⋯

$$99 \times \square = (100-1) \times \square$$

如果将 99 换成容易计算的数字 "100 和补数 1" 来计算，乘法运算将会变得非常简单。虽然这种方法不仅适用于 99，999 和 9999 也同样适用，但是要想一举就心算出答案，还是用于 99 会比较稳妥。

$$99 \times 78 = (100-1) \times 78$$
$$= 7800-78$$
$$= 7700 + \boxed{100-78}$$
$$= 7700 + \boxed{22}$$
$$= 7722$$

请参照P006 "补数的求法"

例题1 ① 99×15

$$= (100-1) \times 15$$

$$= 1500-15$$

=1485

② 999 × 681

= （ 1000−1 ） × 681

=681000−681

=680000+ 1000−681

=680000+ 319 ←

=680319

请参照P006 "补数的求法"

在②的计算中，999 的乘法运算如果使用笔算来计算会非常烦琐，但是只要将 999 考虑成 1000−1，就可以把复杂的乘法运算转化为简单的加法运算和减法运算，也就可以速算得出答案了。

例题2 ① 99 × 19

= （ 100−1 ） × 19

=1900−19

=1881

② 99 × 32

= （ 100−1 ） × 32

=3200−32

=3100+100−32

因为要减去32，所以借100来减

=3100+68

=3168

③ 999×56

=（1000-1）×56

=56000-56

=55000+1000-56

=55000+944

=55944

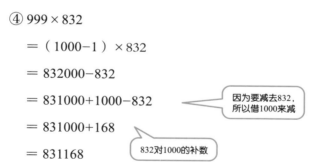

因为要减去56，所以借1000来减

56对1000的补数

④ 999×832

＝（1000-1）×832

＝832000-832

＝831000+1000-832

＝831000+168

＝831168

因为要减去832，所以借1000来减

832对1000的补数

$$99 \times 68 \Rightarrow \boxed{6}\ \boxed{7}\ \boxed{3}\ \boxed{2}$$

68−1 ， 99−（68−1）

上述的例子与上一小节一样，是"99×…"的形式。因此，可以使用同样的方法，即 99×68=（100−1）×68 来解答，这样就可以快速得出答案了。

但是，随着思考的深入，可以不断感受到超级速算法的奇妙之处。大家不妨从中来寻找适合自己的方法吧。

这一小节的技巧是，99 和两位数 a 相乘时，答案的前两位数是 $a−1$，后 2 位数是 99−（$a−1$）。换成 999 的时候，则是下列情况：

$$999 \times 256 = \boxed{2}\ \boxed{5}\ \boxed{5}\ \boxed{7}\ \boxed{4}\ \boxed{4} = 255744$$

256−1 ， 999−（256−1）

完全不需要考虑其他事情就能够进行超级速算。毫无疑问，就算使用计算器来确认，999×256 的答案也是 255744。是不是觉得无比奇妙呢？那么，接下来一起看一下这个计算的原理吧。

此处就以 99×a 为例来思考。注意：$a \leqslant 99$。

$99 \times a$

$=（100-1）\times a$

$=100a-100+100-a$

$=100（a-1）+99-（a-1）$

由此可以得出，$99 \times a$ 的答案如下所示：

前三位数的值……（a-1）

后两位数的值……99-（a-1）

这种方法不仅适用于99，999和9999等类型的数值也可以使用。在以下的例题里，我试着挑战了一下999。

例题 ①

$$99 \times 34 = \boxed{3}\;\boxed{3}\;\boxed{6}\;\boxed{6}$$

（上方）34-1

（下方）99-（34-1）

$$= 3366$$

②

$$999 \times 48 = \boxed{4}\;\boxed{7}\;\boxed{9}\;\boxed{5}\;\boxed{2}$$

（上方）48-1

（下方）999-（48-1）

$$= 47952$$

28 将 "105×108" 的计算化繁为简

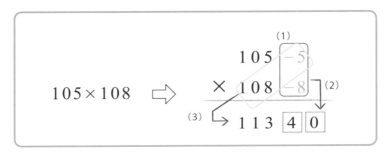

在进行与 100 相近的 105 和 108 的乘法运算时，位数会增加很多，所以即使是心算很在行的算术达人也会觉得棘手。但是，不用担心。在进行与 100 相近的数字之间的乘法运算时，只需要使用一下补数的概念，就可以把计算转化为个位数的加法和乘法运算。

就看看上述的例子吧。使用超级速算法解答 105×108 的过程如下所示：

（1）先准备好 105 的补数 −5，108 的补数 −8。

（2）将补数相乘后，把得到的数值写到答案的后两位（个位和十位）上。

$$-5×（-8）=40$$

（3）用原来的数字 108 减去另一个数字的补数（−5），把得到的数值写到答案的剩余位数上。

$$108-（-5）=113$$

将（2）和（3）的数组合起来就能得出答案了。

"113" "40" → 11340

值得一提的是,如果(1)中的补数不是类似"-5"和"-8"这样同符号的数字,而是"5"和"-8"这样不同符号的数字,那么它们的乘积就为 5×(-8)=-40,应为负数。本书会将其表现为"$\overline{40}$"以便区分。比如 96$\overline{15}$ 的意思就是 9600-15=9585。

需要说明的是,虽然(3)写道"用 108 减去另一个数字 105 的补数(-5)",但是即使反过来"用 105 减去另一个数字 108 的补数(-8)"的结果也是相同的。

105-(-8)=113

例题 1　①

$$103 \times 107 \Rightarrow$$

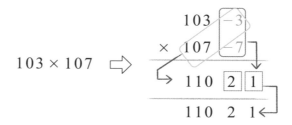

②

$$105 \times 111 \Rightarrow$$

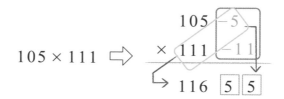

③

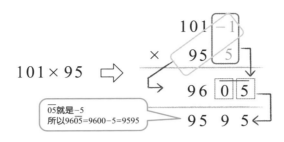

$101 \times 95 \Rightarrow$

05就是−5
所以9605=9600−5=9595

④

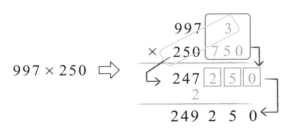

$997 \times 250 \Rightarrow$

在④的计算中，虽说 250 远不是与 1000 相近的数字，但是依然可以使用这个技巧。

补数的符号相同时，计算会比较简单；符号相反时，相对来说有些烦琐。接下来就一起看看为什么这种大胆的计算能够成立吧。

即将为大家介绍的是这个技巧其中的数学原理，觉得"只要知道计算方法就行了"的人可以直接跳过。但其实只需简要阅读一下，便可找到数学和速算之间的联系。

现在假设数字 a 和 b 对某个基准数——比如说 100 的补数是 $\hat{a}$ 和 $\hat{b}$（请参照 P065）。也就是说：

$$\hat{a}=100-a \qquad \hat{b}=100-b \qquad\qquad （＊）$$

于是，利用刚才为大家介绍的公式得出的答案，可以表示为下列形式：

$$（b-\hat{a}）\times 100+\hat{a}\hat{b}$$

根据（＊）算式的内容，将 $\hat{a}$ 和 $\hat{b}$ 代入这个算式后可以得到：

$$（b-\hat{a}）\times 100+\hat{a}\hat{b}$$
$$=（b-100+a）\times 100+（100-a）（100-b）$$
$$=\cancel{100}b-\cancel{100^2}+\cancel{100}a+\cancel{100^2}-\cancel{100}b-\cancel{100}a+ab$$
$$=ab$$

以上就是本小节为大家介绍的计算方法的正确推导过程。

此外，虽然上述的说明使用的基准数是 100，但即使不使用此类容易计算的数字，类似 87 或 139 这种晦涩的数字也是成立的。

即便如此，从速算的角度上看，动用自己对数字的敏感度，寻找容易计算的数字还是必要的。

那到底什么情况下能够使用容易计算的数字呢？或者说，即使一开始觉得无法使用，大家也一起利用自己的智慧来解答吧。比如说之前提到的④的计算中，对像数字与基准数相差非常大，但还是成功利用这种方法解答出来了。

所以，在做数学计算时，重要的是要牢记速算法，时不时确认一下其中的数学原理，对于能不能使用该方法的判断要准确。

$$132 \div 9 \Rightarrow 1\ 4 \quad \text{余数} \quad 1+3+2$$

132的各个位数之和

132的百位与十位之和
132的百位数

在进行三位数除以 9 的计算时，如果利用以下的计算方法，一定会令你大吃一惊并且迅速得到正确答案的。大家一起来看一下 132÷9 这个例子。

（1）答案的十位数……被除数的百位数 =1

（2）答案的个位数……被除数的百位数与十位数相加的值，即1+3=4。注意：如果得到的数是两位数，则需要进位。

（3）余数……被除数的各个位数"1，3，2"之和。因此，此时应为 1+3+2=6。如果此计算得到的数比 9 大，则需再次除以 9，除完以后的数字才是实际的余数。得到的商需要进位。

因此，在实际计算中可能会有进位，所以按照（3）→（2）→（1）的顺序计算会比较简单，大家可以按照自己觉得简单的方法来计算。下面这个例子，是余数各个位数数字相加大于 9 的情况。

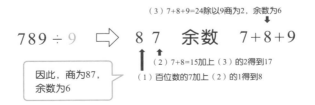

（3）7+8+9=24除以9商为2，余数为6

$$789 \div 9 \Rightarrow 8\ 7 \quad \text{余数} \quad 7+8+9$$

（2）7+8=15加上（3）的2得到17
（1）百位数的7加上（2）的1得到8

因此，商为87，余数为6

十分轻松就得出了答案。那么，为什么使用这种方法可以得出答案呢？

一般来说，人们会将三位数的整数表现为以下形式：

$100a+10b+c$（注意：a，b，c 均为个位数且 $a \neq 0$）

接下来，将这个三位数变形可以得到：

$100a+10b+c=9 \, (\underline{10a+a+b}) + \underline{a+b+c}$

由此可以看出，答案会如下所示：

答案的十位数……a

答案的个位数……$a+b$

答案的余数……$a+b+c$

此处，如果 $a+b$ 的数值是两位数，则需要向后一位进位。

此外，余数 $a+b+c$ 的值大于 9 时，需要再次除以 9，并将得到的商进位，最后剩余的数才是最终的余数。

这种计算技巧不仅适用于三位数，也同样适用于四位数、五位数。比如，计算 5210÷9，答案如下所示：

答案的百位数……5

答案的十位数……5+2=7

答案的个位数……5+2+1=8

答案的余数……5+2+1+0=8

最终答案为 578，余数为 8。本应是除法运算的问题，最终只需进行个位数的加法运算即可算出答案。

$130 \div 5 \qquad \Rightarrow \qquad 130 \times 2 \div 10$

$325 \div 25 \qquad \Rightarrow \qquad 325 \times 4 \div 100$

$72625 \div 125 \qquad \Rightarrow \qquad 72625 \times 8 \div 1000$

示例

$\bigcirc \div 5 \qquad \Rightarrow \qquad \bigcirc \times 2 \div 10$

$\bigcirc \div 25 \qquad \Rightarrow \qquad \bigcirc \times 4 \div 100$

$\bigcirc \div 125 \qquad \Rightarrow \qquad \bigcirc \times 8 \div 1000$

　　一个数除以 5、25、125 时，比起直接运算，将其转换成乘法运算会使计算变得更加简便。

除以 5 → 除以 $\dfrac{10}{2}$ → 乘以倒数 $\dfrac{2}{10}$

　　→ 只需乘以 2 后再除以 10 即可

除以 25 → 除以 $\dfrac{100}{4}$ → 乘以倒数 $\dfrac{4}{100}$

　　→ 只需乘以 4 后再除以 100 即可

除以 125 → 除以 $\dfrac{1000}{8}$ → 乘以倒数 $\dfrac{8}{1000}$

　　→ 只需乘以 8 后再除以 1000 即可

计算将一个数变为原来的 2 倍，4 倍，8 倍相对来说是十分简单的。而除以 10，除以 100，除以 1000 则更是只需要移动小数点即可完成。如果仅仅是除以 5 的计算，那么大家可能还能够轻松应对，但如果是除以 25，甚至 125 的计算，那就相对来说比较烦琐了。

　　然而，如果这种计算变成了乘以 4，乘以 8 的话，是不是通过心算就可以得出答案呢？因此，只要知道这种技巧，今后就能够和超级速算相结合了。

例题　　① 3305 ÷ 5

$$=3305 \times 2 \div 10$$

$$=6610 \div 10$$

$$=661$$

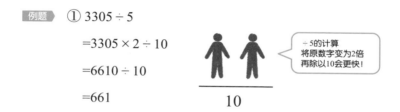

÷5的计算
将原数字变为2倍
再除以10会更快！

10

　　虽然仅仅是除以 5，但是四位数的除法运算看上去也会十分复杂。但如果是将原数字变为 2 倍这种计算，心算即可得出数值为 6610，最后再除以 10，即可得到答案 661。

② 2075 ÷ 25

$$=2075 \times 4 \div 100$$

$$=8300 \div 100$$

$$=83$$

÷25的计算
将原数字变为4倍
再除以100

100

计算 $2075 \div 25$ 时，由于最初的商不足 1，会瞬间陷入焦头烂额的计算中。但只要将其乘以 4 计算，即可得出数值为 8300，最后再除以 100，即可得到答案 83。

③ $2250 \div 125$

$= 2250 \times 8 \div 1000$

$= 18000 \div 1000$

$= 18$

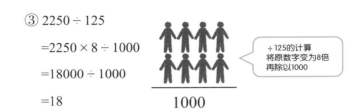

÷125的计算
将原数字变为8倍
再除以1000

$\overline{1000}$

2250 的 8 倍通过心算可以得出数值是 18000，最后再除以 1000，即可得到答案 18。

这种方法如果运用到三位数的除法运算中，必定会变得更加简便了。计算 $775 \div 25$ 时，可能无法立刻解答出来，所以不妨试一试这种技巧，按照以下的方式来处理哦。

$775 \div 25$

$= 775 \times 4 \div 100$

$= 3100 \div 100$

$= 31$

简直可以称之为集简便、迅速和错误少三种优点于一身的"舒适计算法"了。

$$1300 \div 4 \quad \Rightarrow \quad 1300 \div 2 \div 2$$

$$992 \div 8 \quad \Rightarrow \quad 992 \div 2 \div 2 \div 2$$

示 例 ......

$$\bigcirc \div 4 \quad \Rightarrow \quad \bigcirc \div 2 \div 2$$

$$\bigcirc \div 8 \quad \Rightarrow \quad \bigcirc \div 2 \div 2 \div 2$$

对于一般的人来说，都会比较讨厌进行除法运算。我至今为止都未曾见过几个十分擅长除法运算的人。但是，除以2的计算却是个例外。基本上无论是谁都可以毫不费力地计算出答案。

因此在这里，**在进行除以"4，8，16"的运算时，大家可以将其转化为"连续除以2"来计算。**

除以4时，就可以转化为除以2，再除以2来计算。大家不妨试一试效果如何。

同样的，除以8时，可以转化为除以2，除以2，再除以2来计算，也就是要除以3次2。

平时如果碰到除以 16 的情况，那就已经是算术达人擅长的领域了，因此大家需要通过智慧和找窍门来解决这类问题。

只需要连续除以 4 次 2，就一定能够得出答案。这种方法不仅不容易出错，计算也会变得更加迅速。

$\square \div 4 = \square \div 2 \div 2$

$\square \div 8 = \square \div 2 \div 2 \div 2$

$\square \div 16 = \square \div 2 \div 2 \div 2 \div 2$

仅一味地计算，是不能被称为超级速算法的。类似除以 16 这样的计算，过程烦琐并且会十分耗费时间。此时，只需要运用这种连续除以 2 的计算方法，应该就能够提高大家迅速、便捷并且不出错地解答问题的概率了。

例题　① $2744 \div 4$

　　　$= 2744 \div 2 \div 2$

　　　$= 1372 \div 2$

　　　$= 686$

② $1144 \div 8$

　　　$= 1144 \div 2 \div 2 \div 2$

　　　$= 572 \div 2 \div 2$

$=286 \div 2$

$=143$

③ $3128 \div 8$

$=3128 \div 2 \div 2 \div 2$

$=1564 \div 2 \div 2$

$=782 \div 2$

$=391$

④ $2432 \div 16$

$=2432 \div 2 \div 2 \div 2 \div 2$

$=1216 \div 2 \div 2 \div 2$

$=608 \div 2 \div 2$

$=304 \div 2$

$=152$

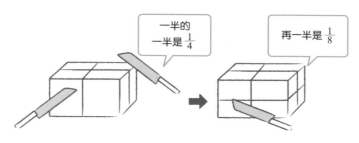

一半的
一半是 $\frac{1}{4}$

再一半是 $\frac{1}{8}$

被"打折再打折"弄晕时的判断方法

　　如果听到"虽然本店商品降价 3 成 ❶（打七折），但是由于竞争对手店降价 3.8 成（打六二折），所以本店现在决定在原来降价的基础上再降价 1 成（打九折）。十分优惠哦"这样的话，是不是有很多人会觉得"先降价 3 成，然后降价 1 成，那不就是降价 4 成吗？那为何还要使用这种复杂的方法呢？"。可是，事实真的是这样吗？

　　平时碰到这种觉得奇怪的事情时，可以运用容易计算的数字，来使自己的大脑快速运转。

　　"100 日元的商品降价 3 成，也就是减去 30 日元等于 70 日元。"

　　→"70 日元的基础上再降价 1 成，也就是减去 7 日元等于 63 日元。"

　　→"竞争对手店降价 3.8 成，即 100 日元减去 38 日元等于 62 日元，这边的价格更加便宜！"

　　如此一来，立马就能够判断出哪家更加实惠了。

　　如果，我要将商品以降价 4 成的价格销售出去的话，我会宣传为"降价 30%，在此基础上，再降价 14%"。当然，我也做好了降价 4 成的打算，但是"降价 30% 的基础

---

❶　降价 3 成即打七折，日本打折的说法与中国相反。——译者注

上再降价 14%"，听上去好像降低的价格不止是 4 成。可是，事实并非如此。

$$（1-0.3）\times（1-0.14）$$
$$=0.7 \times 0.86$$
$$=0.602 \rightarrow 降价 39.8\%，也就是不足 4 成。$$

想要能够立马判断"哪家更便宜"和"自己有没有被骗"，也是需要拥有速算能力的。

这一章节将会为大家介绍与在学校里学习的金科玉律完全不同的、别出心裁的计算方法。有使用小方格来进行的乘法运算，还有使用数线条的交点的计算方法，保证每一种方法都会让你大吃一惊！

快速又有趣！别出心裁的算法

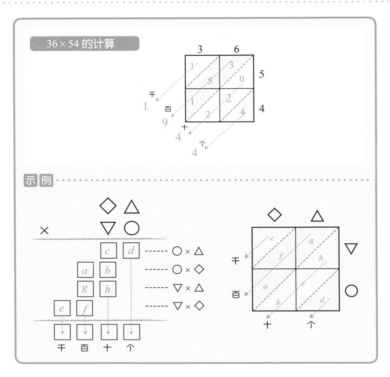

这种使用小方格的计算方法，是一种无需考虑烦琐的进位，只需进行个位数之间的乘法运算即可算出答案的优良方法，看上去也非常有趣。

不仅两位数之间的乘法运算可以使用此速算法，还有三位数以上，甚至类似五位数 × 四位数这种不同位数之间的乘法运算也可以自由使用，因为原理是相同的。接下来就按顺序为大家说明一下这种计算方法。

（1）计算 36×54 之前，先准备一个 2×2 的方格，然后如图将 36 填写在方格上侧，54 填写在方格的右侧。而且，将各个小方格按照下图的模样画上对角线。

（2）然后，分别将水平和垂直方向相乘的数值，像下图一样分别填入小方格中。如 3×5=15，则将 1 和 5 分开填入小方格中。

（3）同理，将其他的小方格内数字全部填满。

（4）最后，按照斜线的方向将小方格内的数字依次相加。从右下角至左上角的数值，就依次是答案的个位、十位、百位和千位。如果相加得到的数值是两位数，则需要进位。用这种方法求出的数值 1944，就是 36×54 的计算结果。怎么样？是不是一种非常有趣的计算方法呢？

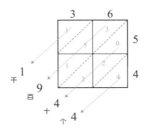

其实，这种计算方法与传统的竖式计算的原理是完全一样的。大家应该也发现了，只需要将传统的竖式计算稍微斜着一点写的话，就跟这种方法是一样的。

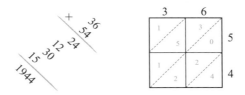

那么，接下来就一起试着解答一下例题吧。这种方法上手非常快，即使是在竖式计算中经常犯错的人，只要使用了这种方格计算的方法，应该就能正确地计算出答案了吧。

例题 试着使用方格计算来解答吧。

① 3 × 5

② 37 × 58

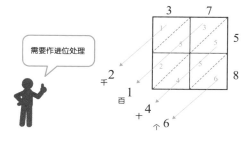

③ 783 × 345

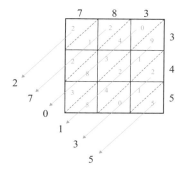

④ 653×72

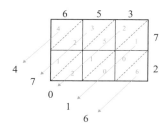

⑤ 72 × 653

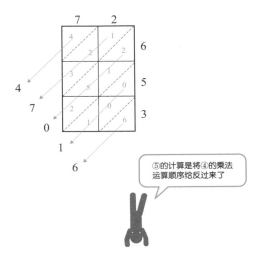

⑤的计算是将④的乘法
运算顺序给反过来了

33 试试用"线"

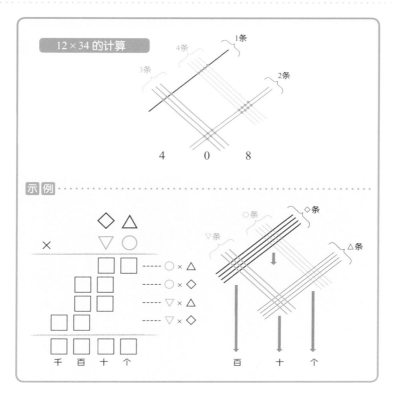

这一小节为大家介绍的这种方法是上一小节使用方格计算的另一个版本：使用直线来进行乘法运算。这种方法也不仅限于两位数之间的计算。即便位数更大，或者不同位数之间的运算也可适用，这一点与方格计算相同。接下来就以12×34为例，为大家介绍一下。

（1）将12×34中的"12"用直线表示成以下的形式：

（2）将 12×34 中的"34"用直线在"12"的基础上表示成以下的形式：

（3）只需要数清直线的交点，然后以垂直的方向将其相加，即可算出 12×34 的答案为"408"。垂直方向相加时得到的数值如果为两位数，则需要进位。

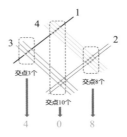

接下来我们就一边与实际的计算作对比，一边看看为什么只需要数直线的交点就能够计算出答案呢？

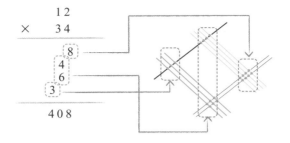

例题 试着使用直线计算来解答吧。

① 36×58

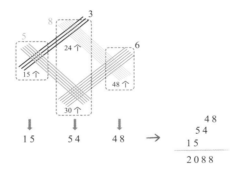

　　虽说使用画直线的方法来计算乘法运算这个想法十分别出心裁，但是以"速算"的角度来看这并不是一个十分理想的方法。不过即便如此，只需要静下心去研究，就一定能够发现新的计算方法，而大家只要能够去享受这种过程，就一定会在意料不到的时候发现更加新奇的速算法。

② 123×214

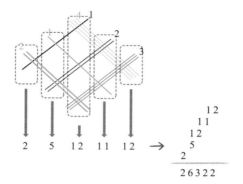

2   5   1 2   1 1   1 2 →

     1 2
    1 1
   1 2
    5
  2
  ─────
  2 6 3 2 2

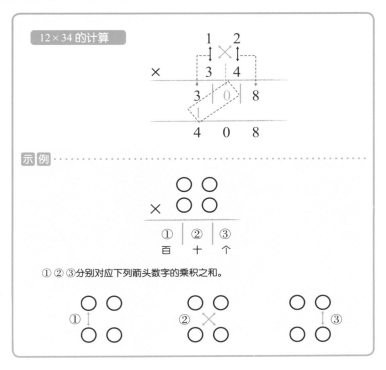

12×34 的计算

示例

① | ② | ③
百 + 个

①②③分别对应下列箭头数字的乘积之和。

这种计算方法，不仅适用于"个位数之和为 10"这样特定的条件，而且与前两个小节介绍给大家的使用方格或直线的计算方法相同，适用于任何一种情况。

接下来就为大家介绍一下计算的过程。首先会为大家说明两位数 × 两位数，然后还会说明三位数 × 三位数，但其实方法都是一样的。这种方法实际上就是将第 17 小节"将两位数 × 两位数简单化的笔算法"一般化的方法，因此同样适用于多位数的乘法运算。

（1）计算两位数 × 两位数的时候，如右图所示，画两条区分的线，然后准备 3 个空格来填写计算结果。

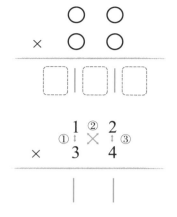

（2）将上一页的公式中箭头对应的数字之间相乘，令它们各自相加的数值分别为①，②，③。

12×34 的情况即可写成如右图所示的样式：

（3）将上述步骤（2）求得的数值填写进（1）的空格中。

注意：①，②，③的数值如果为两位数以上，那么仅在该处填写个位数的数字，两位以上的数字由于要进行进位处理，所以需要按照下图表示的方式，填写在下方。如果用开头使用的例子来表示，则如下所示：

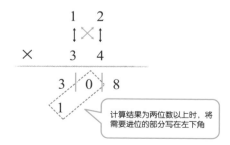

计算结果为两位数以上时，将需要进位的部分写在左下角

（4）最后，只需要将各个位数相加即可得到答案。

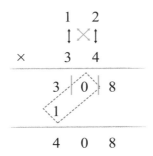

此处，最开始可能会需要用到区分线，但是，熟练以后，就无需画线了。

计算三位数 × 三位数时，需要画 2+2 即 4 根区分线，准备 5 个空格来填写计算结果。

然后，将下一页的箭头对应的数字之间相乘，令它们各自相加的数值分别为①，②，③，④，⑤。

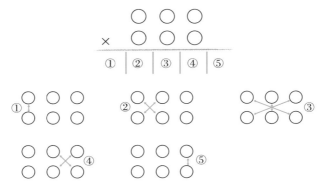

有进位与否的处理方法与之前的方法相同。

例题 试着使用对角线笔算来解答吧。

① 36×58

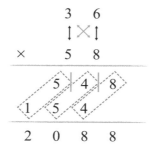

② 123×321

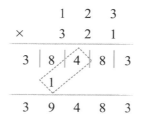

③ 539×748

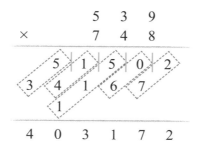

接下来，就一起利用两位数之间的乘法运算来看一看，为什么计算过程会变成这样的对角线图。

一般来说，我们会把两个两位数表现为下述这种形式：

$a×10+b$，$c×10+d$（**注意：a 和 c 为个位数，b 和 d 为大于等于 0 的个位数**）

因此，可以将两位数之间的乘法运算表现为下述形式：

（$a×10+b$）（$c×10+d$）

$= ac×100+$（$ad+bc$）$×10+bd$

此算式则是表示对角线图成立的等式。

三位数之间的乘法运算相对来说还比较简单，但是如果是四位数之间的运算则会变得有些烦琐。因此，这一小节为大家介绍的这种计算方法应该仅适用于两位数和三位数之间的乘法运算。

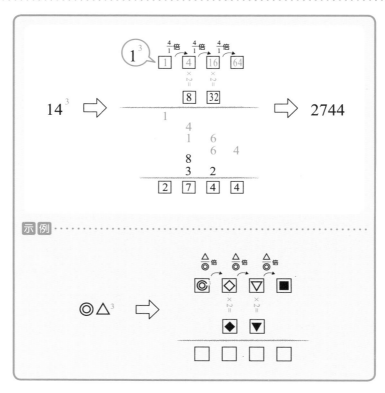

35 "两位数的 3 次方" 的奇妙计算法

在平时的计算中，想要计算个位数的 3 次方都不容易，更不用说两位数的 3 次方了，更是难上加难。不过，只要使用这一小节为大家介绍的这种方法，就可以轻松求出两位数的 3 次方了。接下来就以 14 的 3 次方为例，为大家说明一下。

（1）准备 4 个空格。在计算过程中，会有许多不同的数字被填进去，但是最终只会剩下 1 个数字，所以大家不用担心。

（2）往最左端的空格内填入两位数◎△的十位数"◎"的 3 次方的数值。因为此时计算的数字是"14"，所以往◎内填入 1^3 即"1"。

（3）将步骤（2）连续乘以 3 次 $\frac{\triangle}{◎}$ 的数值，按顺序分别填入剩下的 3 个空格内。此处应该是将 1 乘以 $\frac{4}{1}$ 倍得到的"4"填入◇的位置；再将乘以 $\frac{4}{1}$ 倍得到的"16"填入▽的位置；再将乘以 $\frac{4}{1}$ 倍得到的"64"填入■的位置。

（4）将 2 个方格◇和▽内的数值乘以 2 倍所得的 8 和 32 分别填入方格◆和▼中。

（5）从上往下将各个数字按垂直方向相加。此时，1 个方格内只能填入 1 位数，因此，只需注意处理进位，并将数字全部相加，即可得出答案为 2744。

接下来，再一起来看一下 26^3 的计算吧。

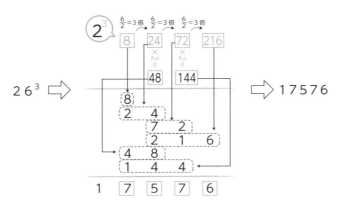

那么，请大家来思考一下这样的计算方法到底为什么

103

能够成立呢？确保计算正确性的依据是 3 次方的展开公式。

$$(\alpha+\beta)^3 = \alpha^3+3\alpha^2\beta+3\alpha\beta^2+\beta^3 \qquad（1）$$

此时如果假设两位数的整数位 $10a+b$（注意：a 和 b 均为个位数且 $a \neq 0$），那么如果令 $\alpha=10a$，$\beta=b$ 并代入（1）公式中，即可求出这个数的 3 次方：

$$(10a+b)^3=1000a^3+3 \times 100a^2b+3 \times 10ab^2+b^3$$
$$=a^3 \times 1000+3 \times a^2b \times 100+3 \times ab^2 \times 10+b^3 \times 1$$

由此可知答案是由 4 项构成的。这就是（1）中需要准备 4 个空格的原因。如果仅将这个算式的文字部分列出，则会是下述形式：

$$a^3 \quad a^2b \quad ab^2 \quad b^3$$

这就是需要用最左端的 a^3 相继乘以 $\dfrac{b}{a}$ 的原因，也就是（2）和（3）的计算。此外，去除表示 a^2b 和 ab^2 位数的数字 "100" 和 "10" 之后，还剩下 3 个空格。因此，不仅要算上最开始的这个数字（上一页例题中的 24 和 72 的部分），还必须要再加上其 2 倍（×2，×2）的数值才是完整的计算（4）。由于这 4 个方格内分别只能填入个位数，因此最后的系数是通过将这些数值相加，再处理进位的这种计算（5）求出的。

例题 请试着计算一下 28^3。

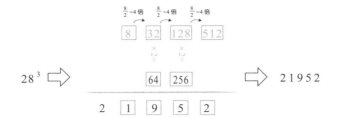

$$28^3 \Rightarrow \qquad \Rightarrow 21952$$

除此以外，还有 4 次方的展开公式。利用这个公式，即可对数字的 4 次方进行速算。

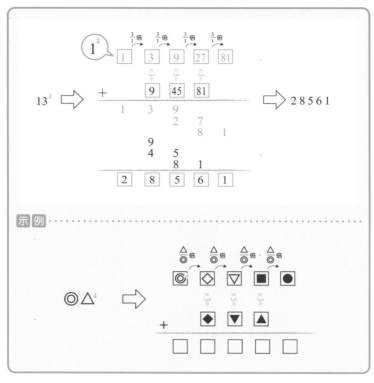

求一个两位数的 4 次方，也就是将这个数乘以 4 次本身，并不是一件容易的事情，但是大家可以利用上一小节学习到的方法来求出答案。本小节给出的例子中，这个两位数 13 的十位数为 1，个位数为 3。接下来就以这个为基础，为大家说明一下。

（1）准备 5 个空格。在计算过程中，会有许多不同的数字被填进去，但是最终只会剩下 1 个数字。

（2）往最左端的空格内填入 14 的值"1"。

（3）依次往剩下的 4 个空格内填入 14 的 $\frac{3}{1}$ 倍的值，也就是 1 的 3 倍即"3"；再将其变成 $\frac{3}{1}$ 倍即"9"；再 $\frac{3}{1}$ 倍即"27"；最后再 $\frac{3}{1}$ 倍即"81"。

（4）将正中间的 3 个方格内数字的 3 倍，5 倍，3 倍分别填入方格内。

（5）将上半部分[也就是（3）]与下半部分[也就是（4）]按垂直方向相加。此时，1 个方格内只能填入一位数，因此，只需注意处理进位，并将数字全部相加，即可得出答案为 28561。

例题1 请试着计算一下 23^4。

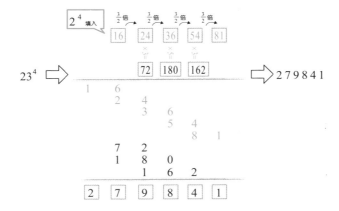

在这个例子中，需要计算的 $\frac{3}{2}$ 倍是分数，所以计算有些烦琐，但是作为练手还是很合适的。

例题2 请试着计算一下 26^4。

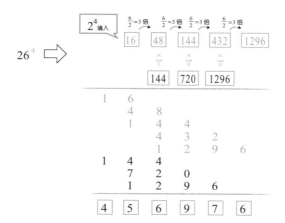

如果是一个数的 4 次方，类似 74 和 94 这种数字的数值都会变得非常大。而如果用这种方法实际计算一下 94 的 4 次方的话，最初的方格内需要填入的数字就为 6561 了，因此，这种方法仅仅适用于数值较小的数字的计算。

在生活中可能会遇到一看见到手的小票，就能够立刻指出"这个搞错了"的计算达人。这种人好像有自身独特的一套验算方法。这一章就来给大家介绍一下以"去九法"为中心的验算技巧吧。

Part 4

"验算法"的精髓在于"去九法"

石川五右卫门曾经留下过这样的名言:"即使是川海滨边细小的沙子都消失殆尽了,这世间的盗贼也依然会数之不尽。"然而,**如果真的数之不尽,只不过是因为计算错误罢了。**在日常的工作生活中,大家即使计算得再快,发现了效率再高的计算方法,也还是需要检验"自己的计算是不是正确,有没有犯错误"。这个过程就需要非常重要的计算能力,我们称之为"验算"。而在验算的过程中,最重要的事情是:

"使用另一种方法验算!"

原因就是,使用同一种方法计算的话,再犯同一个错误的可能性非常高。本一小节就以此为前提,来为大家介绍几种验算方法吧。

(0)与其他人的计算结果作比较

(1)从相反的计算着手

(2)从概数着手

(3)将目光放到余数上

方法(0)十分有效,但是仅靠自己是无法办到的。因此,本小节重点为大家介绍后三种方法。

● 从相反的计算着手

加法运算→减法运算

减法运算→加法运算

乘法运算→除法运算

除法运算→乘法运算

换句话说，使用相反的计算来进行验算，相当于是使用另一种方法来进行一次原来的运算，因此是一种有效的验算方法。大家来看一看以下的例子吧。

3+2=5 是正确的吗？ → 5−2=3　　　　　所以是正确的。

5−2=4 是正确的吗？ → 4+2=6（≠ 5）所以是错误的。

3×2=8 是正确的吗？ → 8÷2=4（≠ 3）所以是错误的。

6÷2=3 是正确的吗？ → 3×2=6　　　　　所以是正确的。

● 从概数着手

这种根据概数来判断的方法是对数值较小的数忽略不管，利用大概的情况来判断对错的一种方法。也许有人会认为这种方法是在算糊涂账，但是在"检查弄错了位数（多了或者少了 0）等较严重错误"时能够发挥出其不意的效果。

大家用概数方法来确认 939×151=141789 的计算吧。如果将左边粗略地认为是 1000×150 的话，答案就是 150000。

而实际上右边的答案是 141789，与 150000 相近，所以可以大致推断这个计算是正确的。

● 将目光放到余数上

这种方法是分别将 $a+b$ 和 c 来除以相同的数字 p，然后根据各自得到的余数来判断 $a+b=c$ 的计算是否成立。

需要注意的是，通过这种方法，即使双方各自相除后所得的余数相同，也不一定就代表"那两个数相等"。

但是，如果所得的余数不同，那么那两个数就一定不相等。

例如，先将 $a+b$ 除以 5 得到余数为 3，再将 c 除以 5 得到的余数也为 3。此时，绝不代表"证明出了 $a+b=c$"。为什么这么说呢？假设在上述的计算中，$a+b$ 的答案应该为 18，那么，除以 5 应该会得到余数为 3。但是，即使因为计算错误将 $a+b$ 算成了 23，除以 5 得到的余数也同样是 3。而 18 和 23 很明显不相同，这是因为 18 和 23 刚好相差 5，因此它们各自得到的余数之间没有差距。

另一方面，如果将 $a+b$ 除以 5 得到余数为 3，再将 c 除以 5 得到的余数为 2，此时就可以斩钉截铁地说 $a+b \neq c$ 了。

由此可见，想要尽量避免验算出现错误，就需要尽量挑选数值较大的被除数。只有这样才能够尽可能地减少余数相等的情况出现。

专栏 年轮蛋糕的"剩余"

　　假设现在需要将 16 小块年轮蛋糕分给 3 个孩子，那么平均 1 人可以分到 5 块，最后还剩余 1 块……

　　这是一件十分简单事情。如果把这段话写成算式，则如下所示：

16=3×5+1

　　再假设现在有 A 糕点公司（数量不明）和 B 糕点公司的年轮蛋糕要分给 3 个人，分完之后每个种类都剩余 1 块。那么，是不是不一定就代表"A 类型跟 B 类型的年轮蛋糕原数量相同"？因为这些蛋糕有可能有 7 块，有可能有 10 块、13 块、16 块，只需要满足"除以 3 余数为 1"的条件即可，所以不能根据剩余数量相同，来确定总量一定相同的。

　　然而，如果把分给 3 个人换成分给 9 个人的话，就可以说"相同的可能性很高"了。考虑到这些因素，选择了 9 这个数字所使用的方法，就是下一小节即将为大家介绍的有名的"去九法"。

分给 3 个人的话……   4 块→剩余 1 块   7 块→剩余 1 块

38 "快速又简单"的去九法的原理

有一种非常有名的验算方法叫作"去九法"。这种验算的判断方法十分简单，是根据"将两个数分别除以9后观察其余数，如果余数相等，那么原来的两个数则极有可能相等"来判断的。

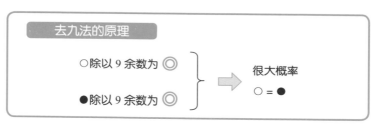

去九法的原理

○除以 9 余数为 ◎

●除以 9 余数为 ◎

→ 很大概率

○ = ●

去九法可以运用到所有的加法、减法、乘法、除法中。而且，还有一种简单的方法，可以不用通过实际的除法运算，就能求出某个整数除以9的余数，也就是**"除以9的定理"**。

除以 9 的定理

整数 □△○▽ 除以 9 的余数

□ + △ + ○ + ▽ 除以 9 的余数相等。

※□ △ ○ ▽代表的是各个位数上的数字。

例如，9789 除以 9 的余数是：

9789÷9=1087 余数为 6

计算起来十分烦琐，但只需要使用除以 9 的定理就可以心算得出答案：

9+7+8+9=33　　33÷9=3 余数为 6

如果验算的准确度相同，那么计算 33 除以 9 肯定会比计算 9789 除以 9 轻松。而大家的日常工作生活中，肯定都想尽可能使用简单方法来计算。那么，只需要像这样使用除以 9 的定理，就能够通过计算各个位数的数字相加的值除以 9，来进行相同准确度的验算了。

接下来就一起来看一下这么便利的方法为什么能够成立吧。将"整数 58742 除以 9 的余数与 5+8+7+4+2 除以 9 的余数相等"用等式表现出来即可变形为下述形式：

$58742=5×10000+8×1000+7×100+4×10+2$

$=5×（9999+1）+8×（999+1）+7×（99+1）+4×（9+1）$
$\quad +2$

$=5×9999+8×999+7×99+4×9+5+8+7+4+2$

$=9（5×1111+8×111+7×11+4×1）+5+8+7+4+2$

$=9 的倍数 +5+8+7+4+2$

因此可以得知，整数 58742 除以 9 的余数与各个位数的数字相加即 5+8+7+4+2 除以 9 的余数相等。

此处，从另一种角度来看 5+8+7+4+2 除以 9 的余数的话，也可以说成是"去除掉相加为 9 的数剩余 8"。事实上，这就是去九法（从数字之山中依次将 9 去掉→去九）这个名字的由来。

请使用去九法验算下列的计算是否正确。

$$3277+481=3758$$

首先，求出左边的 3277+481 除以 9 的余数。

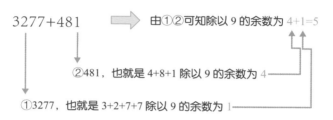

如此可以得出左边的余数为 5。

然后，继续求出右边 3758 除以 9 的余数。

3758 → 3+7+5+8=23

23÷9=2 余数 5

由于求出等式的左边和右边除以 9 的余数都为 5，因此可以推定 3277+481 与 3758 是相等的。但是需要注意的是，利用这种验算方法只能得出"正确的可能性很高"而不是"验算的结果绝对正确"这个结论，请大家一定要事先了解这一点。

例题 请试着使用去九法来进行加法的验算吧。

① 53977+632=54609

根据除以 9 的定理，先将左边的数 53977（→ 5+9+3+7+7=31）除以 9 余数为 4；同理再将左边的数 632（6+3+2）

除以 9 后的余数为 2。因此，53977+632 除以 9 的余数为 4+2=6。另一方面，等式右边的数 54609（→5+4+6+0+9=24）除以 9 后的余数为 6。

因为两边的余数都为 6，所以应该可以推定原来的计算结果"正确的可能性很高"。

② 917+17=924

根据除以 9 的定理，先将左边的数 917（→9+1+7=17）除以 9 余数为 8；同理再将左边的数 17（1+7）除以 9 后的余数为 8。因此，917+17 除以 9 的余数为 8+8=16，再减去 9（除以 9）后余数为 7。等式右边的数 924（→9+2+4=15）除以 9 后的余数为 6。

等式右边和左边的余数不等，因此这个加法的运算结果是错误的。

再强调一遍，使用去九法验算得出的结论如下所示：

余数相等时……计算正确的可能性很高（不能保证是 100% 正确）。

余数不等时……计算 100% 错误。

例题①的计算中，等式两边的余数相等，所以可以推定计算结果"正确的可能性很高"，但这种推定并不是绝对的。例题②的计算中，等式两边的余数不等，因此可以 100% 断定原计算是错误的。

请使用去九法验算下列的计算是否正确。

$$3277-481=2796$$

首先，求出左边的 3277−481 除以 9 的余数。

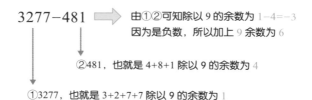

3277−481 → 由①②可知除以 9 的余数为 1−4=−3
因为是负数，所以加上 9 余数为 6

②481，也就是 4+8+1 除以 9 的余数为 4

①3277，也就是 3+2+7+7 除以 9 的余数为 1

如此可以得出左边的余数为 6。

然后，继续求出右边 2796 除以 9 的余数。

2796 → 2+7+9+6=24

24÷9=2 余数 6

由于等式的左边和右边除以 9 的余数都为 6，因此"（可以推定）计算结果正确"。只要掌握了加法运算的去九法验算，减法运算的去九法验算也是同样的。

例题 请试着使用去九法来进行减法的验算吧。

① 53977−632=53345

先将左边的数 53977（→ 5+3+9+7+7=31）除以 9 余数为 4；同理再将左边的数 632（6+3+2）除以 9 后的余数为 2。根据 4−2=2，可知等式左边的余数为 2。另一方面，等式右边的数 53345（→ 5+3+3+4+5=20）除以 9 后的余数为 2。

仅从余数来看，等式左边 = 右边，所以可以推定原来的计算结果"正确的可能性很高"。

② 31486−1517=29975

先将左边的数 31486（→ 3+1+4+8+6=22）除以 9 余数为 4；同理再将左边的数 1517（1+5+1+7）除以 9 后的余数为 5。根据 4−5=−1，余数为负数时加上 9，可知等式左边的余数为 8。然后，计算等式右边的数 29975（→ 2+9+9+7+5=32）除以 9 后的余数为 5。

等式右边和左边的余数不等，因此可以说这个计算结果"毫无疑问是错误的"。

③ 22222−17273=4949

左边 22222（→ 2+2+2+2+2=10）

17273（→ 1+7+2+7+3=20）→ 10−20=−10

除以 9 的余数为 −1，因此加 9 可以得到余数为 8。

右边 4949（→ 4+9+4+9=26）除以 9 余数为 8。

等式右边和左边的余数相等，因此可以推定计算结果"正确的可能性很高"。

41　去九法的简单验算③ ——乘法的计算结果

去九法还可以用来判断乘法运算的结果是否正确。使用的方法与之前大体相同，仅仅是"将余数之间相乘"这一点不同。需要说明的是，**有小数点的数字之间的乘法运算，可以无视小数点使用去九法来验算。**

那么，接下来就通过使用去九法来判定一下以下的乘法运算是否正确吧。

$$3277 \times 481 = 1576237$$

像上述类型的乘法运算的计算结果，一般来说数值都会比较大。因此，这也正是去九法发挥省力验算优势的时候。

首先，求出左边项除以 9 的余数。

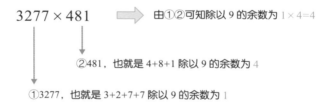

3277×481　　由①②可知除以 9 的余数为 $1 \times 4 = 4$

②481，也就是 4+8+1 除以 9 的余数为 4

①3277，也就是 3+2+7+7 除以 9 的余数为 1

使用去九法计算得出 3277 的余数为 1，481 的余数为 4，因此左边的余数为 $1 \times 4 = 4$。

然后，继续求出右边 1576237（→ 1+5+7+6+2+3+7=31）除以 9 的余数。通过计算得出右边的余数为 4。

120

等式右边和左边的余数均为 4，因此可以推定原乘法运算计算结果"正确的可能性很高"。

例题 请试着使用去九法进行乘法的验算吧。

① 539×632=340648

根据除以 9 的定理，先将左边的数 539（→ 5+3+9=17）除以 9 余数为 8；同理再将左边的数 632（6+3+2=11）除以 9 余数为 2。由于 8×2 = 16，再除以 9 得到余数为 7。另一方面，等式右边的数 340648（→ 3+4+0+6+4+8=25）除以 9 余数为 7。

因此可以推定原来的乘法运算的计算结果"正确的可能性很高"。

② 7352×43657=320966274

根据除以 9 的定理，先将左边的数 7352（→ 7+3+5+2=17）除以 9 余数为 8；同理再将左边的数 43657（4+3+6+5+7=25）除以 9 余数为 7。由于 8×7=56，再除以 9 余数为 2。等式右边的数 320966274（→ 3+2+0+9+6+6+2+7+4=39）除以 9 余数为 3。

等式右边和左边的余数不等，因此可以说这个乘法运算的计算结果"毫无疑问是错误的"。

③ 321.4×27.4=8484.96

虽然上述计算是带小数点数字之间的计算，但是正如本小节开头为大家讲解的那般，可以"无视小数点"，所以接下来就一起来看一看"3214×274=848496"是否成立吧。

3214×274

→（3+2+1+4=10）余数为 1

（2+7+4=13）余数为 4

因此，由 1×4=4 可知等式左边的余数为 4。

848496 →（8+4+8+4+9+6=39）除以 9 余数为 3。

等式左边和右边的余数不等，因此可以斩钉截铁地说"这个计算结果是错误的"。

去九法也可以用来判断除法运算的结果是否正确。但是，却无法像之前的方法一样直接对除法运算进行验算。只有先将"除法转化为乘法"，才能使用去九法。

那么，接下来就实际通过去九法来判定以下的除法运算是否正确吧。

9015181240÷28145=320312

首先，将上述除法算式重新写成乘法，就会变成下列形式：

9015181240=320312×28145

接下来，只需要看这个等式的左边和右边分别除以 9 得到的余数是否相等，就可以判断原来的除法运算的计算结果是否正确了。

9015181240→（9+0+1+5+1+8+1+2+4+0=31）除以 9 余数为 4。

然后，继续求出右边 320312×28145 除以 9 的余数。

320312×28145 ⟹ 由①②可知除以 9 的余数为 $2 \times 2 = 4$

②28145，也就是 2+8+1+4+5 除以 9 的余数为 2

①32030312，也就是 3+2+0+3+1+2 除以 9 的余数为 2

等式左边和右边除以 9 的余数均为 4，因此可以推测乘法运算（同时原来的除法运算）的计算结果"正确的可能性很高"。

以上的验算应该都是在预想范围之内的验算，但是，除法运算是会有"余数"的。接下来就一起看一看有余数的除法运算是否也能够使用去九法吧。

3277÷23=142　余数为 11

如果将上述等式转化为乘法运算则会变为以下形式：

3277=23×142+11

首先，求出左边项除以 9 的余数。

3277 → 3+2+7+7=19 除以 9 得出余数为 1。

然后，继续求出右边 23×142+11 除以 9 的余数。

等式左边和右边的余数均为 1，因此可以推测乘法运算（同时原来的除法运算）的计算结果"正确的可能性很高"。通过上述计算，大家应该可以得知"有余数时的验算"也可以通过去九法来轻松完成了吧。

为了以防万一，本书已经强调过多次，大家一定要注意去九法只能准确验算出计算是错误的，关于计算正确的验算，其准确度并非 100%。仅仅能说明"正确的可能性很高"，除此之外无法再证明更多事情。

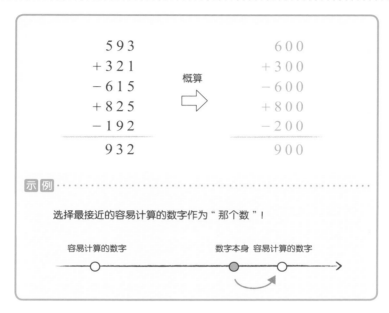

示 例 ......

选择最接近的容易计算的数字作为"那个数"!

容易计算的数字   数字本身 容易计算的数字

在有很多数字的计算中,只需要将这些数字全都置换成最接近自身的容易计算的数字,就能够快速计算出概数。

例如,最接近 593 的容易计算的数字是 600。

最接近 –615 的容易计算的数字是 –600。

最接近 −192 的容易计算的数字是 −200。

例题 请使用概数来检验下列的计算结果。

① 78+61−51−99+17=6

$$
\begin{array}{r}
7\,8 \\
+6\,1 \\
-5\,1 \\
-9\,9 \\
+1\,7 \\
\hline
6
\end{array}
$$

概算 ⇒

$$
\begin{array}{r}
8\,0 \\
+6\,0 \\
-5\,0 \\
-1\,0\,0 \\
+2\,0 \\
\hline
1\,0
\end{array}
$$

② 1987+6354+4129−7984−1799+5299+4897−1177=11706

$$
\begin{array}{r}
1\,9\,8\,7 \\
+6\,3\,5\,4 \\
+4\,1\,2\,9 \\
-7\,9\,8\,4 \\
-1\,7\,9\,9 \\
+5\,2\,9\,9 \\
+4\,8\,9\,7 \\
-1\,1\,7\,7 \\
\hline
1\,1\,7\,0\,6
\end{array}
$$

概算 ⇒

$$
\begin{array}{r}
2\,0\,0\,0 \\
+6\,0\,0\,0 \\
+4\,0\,0\,0 \\
-8\,0\,0\,0 \\
-2\,0\,0\,0 \\
+5\,0\,0\,0 \\
+5\,0\,0\,0 \\
-1\,0\,0\,0 \\
\hline
1\,1\,0\,0\,0
\end{array}
$$

较小一方		较大一方
5 0 0	5 9 3	6 0 0
+ 3 0 0	+ 3 2 1	+ 4 0 0
− 7 0 0	− 6 1 5	− 6 0 0
+ 8 0 0	+ 8 2 5	+ 9 0 0
− 2 0 0	− 1 9 2	− 1 0 0
7 0 0 ≤	9 3 2 ≤	1 2 0 0

可以推测 932 是正确的!

　　虽说上一小节为大家介绍了可以将数字置换成容易计算的数字来计算出概数，但是如果那些数字刚好与原来的数字相比"全都较大"或"全都较小"，那么就很有可能计算出 2 倍或者 $\frac{1}{2}$ 左右的数字。

　　因此，这一小节就来为大家介绍一下**"两面夹击"验算法。**使用这种方法，需要进行两次计算（概数计算），所以会多耗费一些功夫，但是能够确定的是，正确答案肯定会在这两个概数之间。如果大家的计算并非在这个区间之内，那么可以毫无疑问地说是计算出错了。

　　需要注意的是，有些人可能会对负数的大小关系概念比较模糊，因此养成利用数轴来思考的习惯会对自己的计算比较有利哦。

在正常情况下50比20要大，但是如果在前面加了个"负号"，就会变成 $-50<x<-20$ 了。

例题 ①预计计算为正确的验算例。

	（小）			67		（大）
	60			67		70
	+120			+121		+130
	+ 50			+ 54		+ 60
	+ 40			+ 49		+ 50
	+ 80			+ 87		+ 90
	350	≦		378	≦	400

②可知计算为错误的验算例（正确答案为1438）。

	（小）					（大）
	400			467		500
	−200			−121		−100
	+700			+754		+800
	−400			−349		−300
	+600			+687		+700
	1100	≦		1738	≦	1600

③明明结果正确但验算错误的例子。

"$-100 ≦ -121 ≦ -200$" "$-300 ≦ -349 ≦ -400$"是错误的。这种错误出人意料地会经常发生，所以大家一定要注意。

128

	（小）					（大）
	4 0 0		4 6 7			5 0 0
	− 1 0 0	✕	− 1 2 1			− 2 0 0
	+ 7 0 0		+ 7 5 4			+ 8 0 0
	− 3 0 0		− 3 4 9	✕		− 4 0 0
	+ 6 0 0		+ 6 8 7			+ 7 0 0
	1 3 0 0	≦	1 4 3 8	≦		1 4 0 0

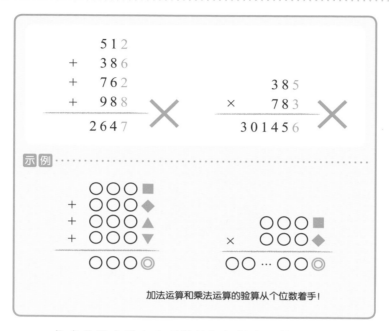

加法运算和乘法运算的验算从个位数着手！

　　一位专业的会计在查看其他部门提交的数值时，往往能够立马就发现问题并指出"这个收费单的计算有误！请重新计算"。他们之所以能够拥有这种不可思议般的速度，其原因就是**检查数字的最后一位数（个位数）。**

　　如果是进行加法，那么很轻松就能够进行个位数的计算（但是，抹去尾数等情况需要另行考虑）。即使是乘法运算，如果碰到了21037192×3370916=6…4的情况，也可以立刻就指出："山田，这里算错了。"原因就是在个位数的乘法运算中，如果出现了"2×6"，那么末尾必定会是数字2。

想要通过验算的方法判断计算完全正确是非常困难的。即使使用去九法得到的结果相符，也只能"大概……"判断计算是否正确。

但是，本小节的方法和上述方法一样，十分轻松就能发现"这里明显错了"。方法就是从"个位"着手。在加法运算和乘法运算中，个位与其他位不同，无需考虑烦人的进位。

当然，即使个位的计算正确，也无法断定原计算就完全正确，但是却可以对计算进行最低限度的检查。如果是检查位数（使用概数）和个位计算这两项，应该能够很迅速地完成吧。

例题　请在 3 秒内检查下列问题的计算结果（使用个位数验算）。

① 272+304+508+602+334+972+502=3493

无需将个位数"2+4+…"这么相加应该也能看出来这个计算有误。因为明明相加的数字都是偶数，但是最后的结果却变成了奇数。

② 712+303+688+344+598=2544

在上述加法运算中只有 1 个奇数存在，因此计算的答案肯定会是奇数，但是结果却是偶数。因此这题的计算也错了。

③ 3731×52906=197392281

如果将上述数字的个位数相乘,那应该会得到"1×6=6",但是计算结果的个位数却是 1。所以很遗憾,这题的计算也错了。

使用这种方法,3 秒内即可做出判断。

欧美人用三位数，而日本人可以用四位数吗

数字本身无论是以三位数分隔还是以四位数分隔都没有关系。但是，只要大家翻开会计簿或者记账簿就能发现，类似"2，547，102，000"这样表示数字的方法是十分常见的。

如果是对以三位数分隔的表示方法很熟悉的人，一看到上述的数字就能够立马念出来是"25亿4710万2000"，正可谓是熟能生巧。

然而，在日本和中国，数字的表示却是一，十，百，千；然后是万，十万，百万，千万；再往后是一亿，十亿，百亿，千亿。换句话说就是，类似"万，亿，兆……"这样，每四位数就会变换一次单位。因此，对于日本人来说，比起"2，547，102，000"这样的表示方法，以四位数来将数字分隔难道不是更容易理解吗？如果写成"25，…"，那么立刻就可以判断出是25亿。

在下一章也会为大家介绍这种分隔数字的方法，被人们称作为"细菌的增加（10^{30}）"方法。日本之所以会以三位数来分隔数字，大概是因为采用了欧美人的数数方法吧。

"102,000"在英语中读作"one hundred two thousand"。换句话说，欧美人的这种以三位数分隔数字的数数方法是将其考虑成有 102 个 1000。

　　为了能够灵活地进行速算，大家很有必要锻炼一下自己对于三位数和四位数的读取法。

虽说计算的真谛就是获得正确的数值，但是在日常工作和生活中，有时候并不需要计算出十分准确的数值。在大多数情况下只需要一个大概的数值（概数）就够了，这样反而比较容易把握整体的状况。在接下来的这一章里，为大家介绍一下利用概算法来大幅提升计算速度的方法。

Part 5

掌握"概算法"

$$\frac{22}{7} = 3.14\textbf{2857142857}\cdots$$

$$\frac{355}{113} = 3.14159\textbf{2}92035398\cdots$$

（π=3.14159265358979…）

从本章开始的验算，请大家使用"近似值"来进行速算。首先会在此以圆周率为例进行说明。一般来说，我们在进行圆周率的计算时，都会使用 3.14 这个小数。

然而，实际上圆周率 π 并不等于 3.14。圆周率的定义是圆周的长度与该圆直径长度的比值，这个数值是无限不循环小数，所以无法将其规定为一个准确的数值。

π=3.14159265358979…

因此，人们在使用圆周率时都会根据自己的需要来取其近似值。最常用的 π 的近似值就是 3.14。

在这里，为了进行速算，希望大家能够转换一下思维模式。因为即使是以小数来代替圆周率，也绝对无法保证这是正确的数字，所以可以说 3.14 这个数字本身就是概数。既然如此，那大家不妨丢弃难以计算的小数的形式，以"分数"的形式来思考。

其实，从古至今都有许多使用分数来代替圆周率的例子。其中数值的精确度最高，而且最便于使用速算方法的分数首选 $\dfrac{22}{7}$。

因为这个数不仅容易记忆，而且也精确至 3.14。如果需要更高精确度的数，那么还可以使用 $\dfrac{355}{113}$ 来进行计算。接下来就为大家展示一下以分数来表示 π 的近似值的例子。

$$\dfrac{25}{8}=3.125$$

红色的数字部分是正确数值

$$\dfrac{333}{106}=3.141509\cdots$$

由于 π 是无理数，所以肯定也无法用分数来准确表示

$$\dfrac{103993}{33102}=3.1415926530 1\cdots$$

$$\dfrac{22}{7}\times\dfrac{2484}{2485}\times\dfrac{12983009}{12983008}=3.1415926535897 69\cdots$$

$$\dfrac{1019514486099146}{324521540032945}=3.14159265358979\cdots$$

（到小数点以后的 25 位数都正确）

例题　请求出下列土地的面积。

①半径为 14m 的圆形土地。

圆的面积是"半径 × 半径 × 圆周率"，因此使用 $\dfrac{22}{7}$ 代替圆周率来计算：

$$14\times14\times\dfrac{22}{7}=2\times14\times22=28\times22=616（m^2）$$

②半径为 20m 的圆形土地。

此处不妨试着使用 $\dfrac{25}{8}$ 来代替圆周率：

$$20 \times 20 \times \dfrac{25}{8} = 400 \div 8 \times 25 = 50 \times 25 = 1250 \ (\text{m}^2)$$

由此可知，只要适当使用 $\dfrac{22}{7}$ 和 $\dfrac{25}{8}$ 代替圆周率来计算，就能够运用超级速算法。

$$2^{10} = 1024 \approx 1000 = 10^3$$

示例 ···

将 2^{10} 看作 1000

计算机运行的时候，会将所有的信息分为"电压高的和电压低的"这两种模式来处理。而这种信息的最小单位，我们则称之为二进制位。也就是说，1 个二进制位拥有两种信息的表示方式。以此类推，可以将此信息表示为下列形式：

2 个二进制位······4 种

3 个二进制位······8 种

······

8 个二进制位······256 种

这 8 个二进制位在计算机的世界中被人们称为 1B，并且被赋予了每 1024（2^{10}）倍就有 KB，MB，GB，TB 这样的惯用单位来表示其信息量。

$1KB=1024B=2^{10}B$

$1MB=1024KB=2^{20}B$

$1GB=1024MB=2^{30}B$

$1TB=1024GB=2^{40}B$

虽然想将其称之为"千"，可是它又与平常大家使用的表示位数的"千"不同，并非刚刚好是 1000 倍（准确来说是 1024 倍）。在 IT 世界中，以概数来处理信息量——每 1000 倍就称之为 KB，MB，GB，TB 的方式已经变为了常识。

$1KB \approx 1000B=10^{3}B$

$1MB \approx 1000KB=10^{6}B$

$1GB \approx 1000MB=10^{9}B$

$1TB \approx 1000GB=10^{12}B$

当然，用这种方法处理信息只能算是使用了近似值。但是，根据下表可以得知，即使数据庞大到太字节，正确率也高达 9 成。也存在以小写字母"k"来表示 1000 倍，大写字母"K"来表示 1024 倍的情况。

x		y		$\dfrac{y}{x}$
$2^{10} =$	1024	$10^3 =$	1000	0.98
$2^{20} =$	1048576	$10^6 =$	1000000	0.95
$2^{30} =$	1073741824	$10^9 =$	1000000000	0.93
$2^{40} =$	1.09951×10^{12}	$10^{12} =$	1000000000000	0.91

原来740MB的CD里面含有将近740000000字节的信息量啊！！

不仅是在 IT 世界，在进行较大数值的计算时，只要活用 $2^{10} \approx 1000$ 的方法，很多问题都可以轻松解决。接下来就为大家介绍两个在速算中灵活运用的例子。

例题1 请用速算的方法计算一下，将厚度为 5 毫米的报纸对折 20 次以后的厚度大概是多少。

第 0 次　h=5mm

第 1 次　2h=10mm=1cm

第 2 次　2^2h=2cm

第 3 次　2^3h=4cm

......

第 10 次　2^{10}h ≈ 1000h=5m

......

第 20 次　2^{20}h=$(20^{10})^2$h ≈

$(1000)^2$h=1000000h=5000000mm=5000m

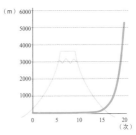

富士山的海拔是 3776m。将报纸对折 10 次时，厚度竟有 5m。而继续对折 10 次（共计 20 次）之后，厚度竟高达 5000m。2^n（2 的累乘）果然不可小觑。

与此同时，只需要记住"$2^{10} \approx 1000$"这样一个数值，计算就会变得十分简单。

例题2 请计算 30 分钟分裂 1 次的细菌 50 小时之后的数量。

众所周知，细菌的分裂速度是非常恐怖的。因为它们的分裂方式是一分为二，所以此处也可以使用 2^{10} 进行计算。

首先，为了便于理解，大家就一起来看一看每过 30 分钟的分裂情况吧。

0 分钟后：1 个

30 分钟后：2 个

1 小时（=2×30 分钟）后：2^2=4 个

1 小时 30 分钟（=3×30 分钟）后：2^3=8 个

......

5 小时（=10×30 分钟）后：$2^{10} \approx 1000$ 个

......

50 小时（=100×30 分钟）后：$2^{100}=(2^{10})^{10} \approx (1000)^{10}=(10^3)10=10^{30}=1000000000000000000000000000000$ 个

这道题目的答案是"10^{30} 个"。如果试着排列出来（下列的表现方式是特意以每四位数来标注分隔符的），就可以知道仅仅过了 2 天（50 小时），细菌就急剧增长到了 100 穰这个天文数字。

$$10^{30} = 100,0000,0000,0000,0000,0000,0000,0000$$
穰　秭　垓　京　兆　亿　万

其他的位数读作秭（zi），垓（gai），京（jing）。顺带一提，（日本）理化学研究所的超级计算机"京"这个名字的由来，就是因为其在 1 秒内能够处理 1 京次的计算哦。

直径为 10 的圆的面积 ➡ $\left(\dfrac{8}{9} \times 10\right)^2 = 79.0123$

示例

$\left(\dfrac{8}{9} \times 直径\right)^2 = 圆的面积$

圆

边长为圆的直径 $\dfrac{8}{9}$ 的正方形

左边的圆和右边的正方形面积基本相同

圆的面积的计算公式是半径 × 半径 × 圆周率（3.14）。一个半径为 5m 的圆，如果将 5×5 考虑成 100÷4，则可以进行以下速算：

$$5 \times 5 \times 3.14 = 25 \times 3.14 = 100 \times 3.14 \div 4 = 314 \div 4 = 78.5 \ (m^2)$$

可是，如果是类似下述的例子，则还有更加简单的概算法。

例题 假设现在有一片边长为 9m 的正方形土地。这片土地的正中间有一个洒水器正在洒水，而这个洒水器洒水的范围刚好到正方形的各边边缘为止且是一个圆形。

那么请问，这个洒水器的洒水面积大概是多少呢？

如果是边长为 9m 的正方形，那么就无法使用前面提到的速算方法了。所以，此处就让我们借鉴一下古埃及人民的智慧来解答吧。在古埃及的数学书《林德手卷》上，有着这样的记载："正方形的内切圆面积，与边长为这个正方形边长 $\frac{8}{9}$ 的正方形面积相近似。"光看文字似乎比较烦琐，简单来说就是"边长为 9m 的正方形的内切圆面积，可以转换成边长为 8m 的正方形面积"。因此，立刻就能根据 $8 \times 8 = 64m^2$ 得出答案。

如果使用圆的半径等于 4.5m 来套用圆的面积公式，那么就是 $4.5 \times 4.5 \times \pi = 64m^2$。如果根据这个等式来求 π，那么可以求出 $\pi = 3.1604938\cdots$，可以得知与 $\pi = 3.14$ 这个近似值非常相近。

实际上，即使不停地变动圆的直径，根据这种方法求得的面积与圆的实际面积也是惊人的相似（请参照下表）。

圆的直径	通过 $\frac{8}{9}$ 的近似公式求出的面积	圆的正确面积
10	79.01234568	78.53981634
100	7901.234568	7853.981634
200	31604.93827	31415.92654
300	71111.11111	70685.83471
400	126419.7531	125663.7061
500	197530.8642	196349.5408

曾吕利新左卫门瞬间就能变成百万石的大名

据说在丰城秀吉的时代，有一位人尽皆知的智者名叫曾吕利新左卫门。人们至今为止都不知道历史上是否真实存在这样一号人物。据说他曾经在堺地以为人配制刀鞘为生，经他之手制作出的刀鞘每次都可以"刚刚好"❶合上，因而得名。而且，据说他还是落语❷的始祖，不得不说真的是才华横溢。

世间流传着许多关于他的趣闻轶事，在此为大家讲述一个与数学算术有关的故事。

某天，秀吉为了奖励曾吕利新左卫门的功劳，对他说道："你想要什么我都给你！"

他回答道："那我今天要 1 粒米，明天要今天的一倍也就是 2 粒米，后天要明天的一倍也就是 4 粒米……如此这般，后一天是前一天一倍的数量，可不可以连续赏赐我 100 天呢？"秀吉心里想道："这家伙还真是无欲无求呢？"于是就命人每天往他家里送米……

接下来就用算式表示一下新左卫门 n 天以后可以获得的米的数量：

---

❶ 日语发音同曾吕利。——译者注

❷ 日本传统曲艺，类似我国的单口相声。——译者注

$1+2+22+23+\cdots+2^{n-1}$ 粒

第 37 天可以获得 1.37×10^{11} 粒也就是 14000 石；第 44 天可以获得 1.76×10^{13} 粒也就是 180 万石；第 100 天可以获得 1.27×10^{30} 粒也就是 1.27×10^{19} 万石……

当秀吉意识到这恐怖的增长速度时，赶忙向新左卫门道了歉，并且给他换了其他的赏赐。

需要说明的是，此处将米粒作概算的处理方法是，视 1 万粒米为 1 合（160 克），10 合 =1 升，100 升 =1 石。

$$\sqrt{1.006} \approx 1.003 \quad \text{（ 准确数值是 1.00299551344959…）}$$

示例 ....

$$\sqrt{a+h} \approx \sqrt{a} + \frac{h}{2\sqrt{a}} \quad （h \approx 0）$$

这一小节的内容难度有点大，但是如果掌握了这个知识，对今后的计算会很有帮助。

与平方数（$1=1^2$，$4=2^2$，$9=3^2$，…）数值相近的数字的平方根的近似值，可以轻松地通过上述公式来求出。

毕竟能够手动计算平方根的人少之又少，而且解答过程十分烦琐。此时，如果你能够轻而易举地说出："1.006 的平方根吗？哦，大概是 1.003 吧。"那肯定能赢得周围人的尊重，让他们对你刮目相看的。

事实上，上述的公式可以通过下述的微分推导出来的近似公式（1）来得到。换句话说，其实就是通过将 $p=\frac{1}{2}$ 带进（1）的公式里推导而得。

$$（a+h）p \approx ap+pa^{p-1}h \qquad （h \approx 0） \qquad （1）$$

需要说明的是，当 $a=1$ 时，（1）就会变成下述这种简单的公式。

$$(1+h)^p \approx 1+ph \qquad (h \approx 0) \qquad (2)$$

此公式也经常被当作近似公式来使用。

例题 请求出下列平方根的大概值。

$$①\sqrt{1.006} = \sqrt{1+0.006} \approx \sqrt{1} + \frac{0.006}{2\sqrt{1}} = 1.003$$

$$②\sqrt{3.992} = \sqrt{4-0.008} \approx \sqrt{4} + \frac{0.008}{2\sqrt{4}} = 2-0.002 = 1.998$$

①就是本小节开头的例子。放在此处是为了让大家理解得出这个数值的原因和概算过程。另外一种算法就是将 $p = \frac{1}{2}$，$h = 0.006$ 代入到（2）的公式中求解。②中，只需要将目光放到"用 4（$=2^2$）减去较小的数字"上就能解答出来了。至于使用微分求解的说明，以后有机会再介绍给大家。但是，希望大家一定要记住求平方根的近似值的公式。

在这一章里将要为大家介绍的有，二进制数与十进制数的换算，年利率换算，年号、公历与天干地支等的快速换算方法。这些换算与前面几章中提到的单纯的加减乘除运算虽然不尽相同，但也是大家生活中不可欠缺的。大家如果掌握了这些超级小技巧，肯定会让周围的人们对你刮目相看的。

Part 6

不得不说的速算法秘诀

$$72 \div 年利率（\%）\approx 本金翻倍所需的年数$$

这是一个十分好用的法则。假设现在将一笔钱存进年利率为 3%（复利）的金融机构，那么就可以使用这个法则，迅速用 72÷3=24（年）迅速计算出本金翻倍所需的年数大约为 24 年。

来试一试其他的数值吧。当年利率为 5% 时，通过 72÷5=14.4 可以得知本金翻倍需要大约 14.4 年。准确的数值是 14.21 年，因此通过该法则得到的答案与准确值十分接近。

像这样通过 72 除以年利率求得本金翻倍所需年数的方法就叫作"**72 法则**"。

通货膨胀时期的年利率为 7%~8%，由此可以通过计算得出：

72÷8=9（年）

也就是说，在那段时期，即使将自己的钱放到银行里什么都不做，9 年之后那笔钱就能翻一番。然而如今日本绝大部分金融机构的利率都仅为 0.01%。

72÷0.01=7200（年）

通过计算可以得出，银行里的钱想要翻倍，需要等到7200年以后。通过这样的计算，大家应该对当今日本的银行利率有了一个比较直观的了解了。

如果转换成一般的表达方式，则应该是：概算将本金存进年利率为 r 的复利计算的金融机构后，多少年以后本金加利率能变成原来本金的 2 倍？答案如下所示：

本金翻倍所需的年数 $=72 \div r$（%）

这个计算方法不仅是银行，几乎所有的金融机构都能通用。那么，为什么这个等式能够成立呢（下面的讲解将会用到对数的知识，如果觉得复杂可以直接跳过）？

假设现在将本金 A 日元存进年利率为 r 的复利计算的银行 N 年的时间，那么 N 年后的本金加利率则应该是 $A(1+r)^N$。r 如果为 3%，则应该是 $\dfrac{3}{100}$（3%=0.03）。如果令这个数值等于本金 A 的 2 倍，则有下列等式成立：

$2A=A(1+r)^N$

消除等式两边的 A 即可得到 N 和 r 的关系如下所示：

$2=(1+r)^N$ ①

由①可以得到下列关于 N 的等式：

$$N= \log_{(1+r)} 2 = \frac{\lg 2}{\lg (1+r)} \qquad ②$$

前文提到了"年利率为 5% 时，本金翻倍的时间为 14.21 年（72÷5 则为 14.4 年）"，就是将 r 等于 0.05 代入②式求出的答案。此外，还可以根据①来求出关于 r 的等式：

$$r = 10^{\frac{\lg 2}{N}} - 1 \qquad ③$$

只需要使用这个等式，就可以求出 N 年后本金翻倍时的年利率。通过上述③式做出的数表如下：

N 年后本金翻倍时的利率 r

N（年数）	r（利率%）	$N \times r$	72÷r求出的N的概算值
1	100.0	100.0	0.7
2	41.42	82.8	1.7
3	25.99	78.0	2.8
4	18.92	75.7	3.8
5	14.87	74.3	4.8
6	12.25	73.5	5.9
7	10.41	72.9	6.9
8	9.05	72.4	8.0
9	8.01	72.1	9.0
10	7.18	71.8	10.0
11	6.50	71.5	11.1
12	5.95	71.4	12.1
13	5.48	71.2	13.1
14	5.08	71.1	14.2
15	4.73	70.9	15.2
16	4.43	70.8	16.3
17	4.16	70.7	17.3
18	3.93	70.7	18.3
19	3.72	70.6	19.4
20	3.53	70.6	20.4
21	3.36	70.5	21.5
22	3.20	70.4	22.5
23	3.06	70.4	23.5
24	2.93	70.3	24.6
25	2.81	70.3	25.6
26	2.70	70.2	26.6
27	2.60	70.2	27.7
28	2.51	70.2	28.7
29	2.42	70.1	29.8
30	2.34	70.1	30.8

N越大，$N \times r$的数值越小，从72趋近69。因此，本金翻倍的的法则也被成为"69法则"。

通过观察此表可以得出，本金翻倍所需年数 N 乘以年利率 r（%），基本上等于 72，这就是"72 法则"的由来。继续观察对比此表两头的数值可以得知，该法则使用的方法是概算。

一般来说，利率较高时使用 72 得到的结果会更接近真实数字；反之，利率较低时使用 70 或 69 会比较接近真实数字。因此，据说也有许多人使用 70 这个数字来计算。

例题 ①假设现在要往利率为 2% 的金融机构存 200 万日元，请问这笔钱变成 400 万日元需要花多少年？

72÷2=36（年）

②假设现在要往利率为 3.5% 的外资金融机构存 1 万美金，请问多少年以后这笔钱可以变成 2 万美金？

72÷3.5=20.57（年）

考虑到此处的利率是 3.5%，所以用 70÷3.5 ＝ 20 年的计算会更加迅速，作为近似值来使用也完全没有问题（由于利率较低，因此用 70 算出的答案会更加接近真实值）。请大家在计算的时候，根据情况灵活使用 72 和 70。由于求出来的都是近似值，所以并非一定要使用 72 这个数字。

③假设现在将一笔钱存进了金融机构，这笔钱翻倍所需要的时间是 40 年，请问该金融机构的利率是多少？

72÷r=40

因此，可以求出 r=1.8（%）。

> 114 ÷ 年利率（％） ≈ 本金变为 3 倍所需的年数

前一小节为大家介绍了使用"72 法则"能够心算出"多少年后本金翻倍"，我相信绝大部分的银行工作者也都掌握了这个技巧。然而，如果被人问道"咦，原来如此。那么，请问变成 3 倍需要花多少年的时间呢"时，大家是不是就要说出那句经典的"那我可就不知道了……"呢？如果是那就太遗憾了，而且，仅仅记住一个"72 法则"也太单调了。

因此，这一小节就来为大家介绍如何简单计算"多少年后本金变为 3 倍"，以及该计算能够成立的理由。

从结论上来说，往利率为 r 的复利计算金融机构中存 A 日元时，本金和利率的总和变为原来本金 3 倍时所需的年数的概算公式如下所示：

114 ÷ 利率 r（％）

利息的计算方法与之前相同，是复利计算。不过这次请大家记住是"114"这个数字。例如，当年利率为 5%（ $r=0.05$ ）时，根据 114 ÷ 5=22.8，瞬间就可得知"顾客的本金变为原来 3 倍所需的时间为 22.8 年"。如果调查其准确值可以发现应该是 22.5 年，因此 22.8 年完全可以作为近似答案使用。

像这样用 114 除以年利率（％）求出本金变为原来 3 倍

所需时间近似值的方法，人们称之为**"114 法则"**。

接下来就一起来看看，为什么这个等式能够成立。与前一小节一样，此处将会用到对数的知识，所以本来直接跳过也没有关系。但是，本书还是希望能够通过计算来为大家展示一下这个等式成立的理由。

假设现在将本金 A 日元存进年利率为 r 的复利计算的银行 N 年的时间，那么 N 年后的本金加利率则应该是 $A(1+r)^N$。如果令这个数值等于本金 A 的 3 倍，则有下列等式成立：

$$3A = A(1+r)^N$$

等式两边都有 A，因此可以将 A 消除。于是，可以得到 N 和 r 的关系如下所示：

$$3 = (1+r)^N \qquad\qquad ①$$

由①可以得到下列关于 N 的等式：

$$N = \log_{(1+r)} 3 = \frac{\lg 3}{\lg(1+r)} \qquad\qquad ②$$

前文提到的 22.5 年（114÷5 则为 22.8 年），就是将 r 等于 0.05 代入②式求出的答案。

此外，还可以根据①来求出关于 r 的等式：

$$r = 10^{\frac{\lg 3}{N}} - 1 \qquad\qquad ③$$

只需要使用这个等式，就可以求出"N 年后本金变为 3 倍时的年利率"。通过上述③式可以制作出下列数表。

N 年后本金变为 3 倍时的利率 r

N（年数）	r（利率%）	N×r	114÷r 求出的 N 的概算值
1	200.0	200.0	0.6
2	73.21	146.4	1.6
3	44.22	132.7	2.6
4	31.61	126.4	3.6
5	24.57	122.9	4.6
6	20.09	120.6	5.7
7	16.99	119.0	6.7
8	14.72	117.8	7.7
9	12.98	116.8	8.8
10	11.61	116.1	9.8
11	10.50	115.5	10.9
12	9.59	115.0	11.9
13	8.82	114.6	12.9
14	8.16	114.3	14.0
15	7.60	114.0	15.0
16	7.11	113.7	16.0
17	6.68	113.5	17.1
18	6.29	113.3	18.1
19	5.95	113.1	19.2
20	5.65	112.9	20.2
21	5.37	112.8	21.2
22	5.12	112.7	22.3
23	4.89	112.5	23.3
24	4.68	112.4	24.3
25	4.49	112.3	25.4
26	4.32	112.2	26.4
27	4.15	112.1	27.5
28	4.00	112.0	28.5
29	3.86	112.0	29.5
30	3.73	111.9	30.6

通过观察此表可以得出，本金变为 3 倍时所需年数 N 乘以年利率 r（%），基本上等于 114。这就是"114 法则"的由来。需要注意的是，在如今金融机构普遍利率较小的情况下，使用 110 代替 114 这个数字来计算也不失为一个良策。

继续观察对比此表两头的数值可以得知，该法则使用的方法是概算。

例题　①假设现在要往利率为 0.5% 的金融机构存 350 万日

元，请问这笔钱变成原来的 3 倍需要花多少年？

114÷0.5=228（年）

②假设某发展中国家数年间的 GDP 平均成长率为 11.4%。假设该国今后也会以同样的成长率成长，那么请问多少年后，该国的 GDP 会变为原来的 3 倍？

114÷11.4=10（年）

③假设某商品当前的市场规模为 30 亿日元，预测 5 年后能达到 90 亿日元。该商品的成长率大概是多少？

由 114÷r=5 可以求出 r=22.8（%）。

①～③与前一小节例题的形式大体相同。虽说如此，也是让大家熟练运用"114 法则"的一个很好的训练。值得一提的是，本金的多与少，与其变为 3 倍所需年数完全无关，所以大家千万不要被本金的数字给迷惑了。

当今的日本社会利率十分低迷，以致无论是使用"72 法则"还是"114 法则"，求出的数值都不准确。然而，类似在计算像中国这种发展迅速的发展中国家的成长率"几年以后 GDP 会发展至当前的 2 倍（或是 3 倍）"，又或者是要预测上升空间巨大的新商品的市场规模（数年后的预想）时，大家不妨试一试这种方法。

能够学以致用，比什么都重要。

144 ÷ 年利率（%）≈ 本金变为4倍所需的年数

到目前为止为大家介绍的本金变为 2 倍、3 倍所需年数的计算，不仅能够用于利率的计算，也能用于国家或商品成长率的计算。因此，最后再来为大家讲解一下本金变为原来 4 倍时所需要的年数，人们也称之为"144 法则"。

N 年后本金变为 3 倍时的利率 r

N（年数）	r（利率%）	$N \times r$	144÷r求出的N的概算值
1	300.00	300.0	0.5
2	100.00	200.0	1.4
3	58.74	176.2	2.5
4	41.42	165.7	3.5
5	31.95	159.8	4.5
6	25.99	156.0	5.5
7	21.90	153.3	6.6
8	18.92	151.4	7.6
9	16.65	149.9	8.6
10	14.87	148.7	9.7
11	13.43	147.7	10.7
12	12.25	147.0	11.8
13	11.25	146.3	12.8
14	10.41	145.7	13.8
15	9.68	145.2	14.9
16	9.05	144.8	15.9
17	8.50	144.4	16.9
18	8.01	144.1	18.0
19	7.57	143.8	19.0
20	7.18	143.5	20.1
21	6.82	143.3	21.1
22	6.50	143.1	22.1
23	6.21	142.9	23.2
24	5.95	142.7	24.2
25	5.70	142.5	25.3
26	5.48	142.4	26.3
27	5.27	142.3	27.3
28	5.08	142.1	28.4
29	4.90	142.0	29.4
30	4.73	141.9	30.4

关于 r 的"144 法则"的 N，为"72 法则"当中 N 的 2 倍。这一点可以从下述关于 N 和 r 的算式中得知。

$$N = \log_{(1+r)} 4$$
$$= \frac{\lg 4}{\lg(1+r)}$$
$$= \frac{\lg 2^2}{\lg(1+r)}$$
$$= \frac{2\lg 2}{\lg(1+r)}$$

（注意）在 72 法则当中
$$N = \frac{\lg 2}{\lg(1+r)}$$

80km/ 小时　130 万日元 / 坪

平时看数据的时候，使用"每单位"的换算思想往往能够帮助大家正确理解事物的本质。左下角的表格显示的是美国、中国、日本的年间石油消耗量。如果仅凭此表，那么大家肯定会认为美国和中国对石油的消耗量远超日本吧。然而，我们不妨试着把表格中的数字换算成每位国民的人均消耗量（右下角的表格）。

美国	842.9
中国	404.6
日本	197.6

（2009 年数据，单位为百万吨）

美国	2.7 吨 / 人
中国	0.3 吨 / 人
日本	1.6 吨 / 人

显而易见，日本人的人均石油消耗量为中国人的数倍。此外，还让大家重新认识到，为了生存，我们每人每年需要消耗1.6吨的石油，由此还可能引起大家关于环境问题的反思。

在日常生活和工作当中，类似这种每单位换算的思考方式无处不在。像表示汽车行驶速度的时速（km/小时），买卖土地时的每坪单价（万日元/坪）等即为这样的例子。以这种方式进行数值的比较，往往更容易发现事物的本质。

$$1+2+3+\cdots+99+100 \Rightarrow \frac{(1+100) \times 100}{2}$$

公元 18 世纪，有一位著名的德国数学家名叫高斯。他对数学的研究之广，几乎给近代数学的所有领域都带来了非常重大的影响。可以说他是 18~19 世纪最伟大的数学家和科学家。

当他还是一个小学生的时候，曾经有一次瞬间就计算出"1+2+3+…+99+100"的答案为 5050，让他当时的老师惊愕不已。据说，彼时他使用的计算方法并非将所有的数字依次相加，而是发现了这些数字可以以"1+100=101""2+99=101"……"50+51=101"的形式组成 50 个答案为 101 的数组，所以直接用 101×50=5050 即得出了正确答案。

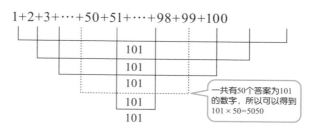

此外，还有另一种说法是他将题目中数字相加的顺序以图中的形式反过来依次相加了……

$$1 + 2 + 3 + \cdots + 50 + 51 + \cdots + 98 + 99 + 100$$
$$100 + 99 + 98 + \cdots + 51 + 50 + \cdots + 3 + 2 + 1$$
$$101 + 101 + 101 + \cdots + 101 + 101 + \cdots + 101 + 101 + 101$$

由图可以看出答案为 101 的数组有 100 组，所以正确答案应该为上述和的一半，即 $1+2+3+\cdots+99+100=101 \times 100 \div 2=5050$。

无论事实到底是哪一个，我们都能从中感受到在面对问题的时候，应该拥有选择最合适的计算方法来进行速算的精神。特别是"倒序相加"的方法，在各种各样的场合都能够与速算关联起来。

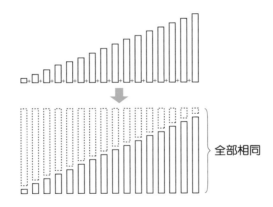

值得一提的是，这种方法还能用来求出梯形的面积。

$$1+2+2^2+\cdots+2^{99}+2^{100} \Rightarrow 2^{101}-1$$

大家一定都遇到过这种将某个固定的数逐次相乘之后再相加的计算问题吧。例如，向银行里存钱取钱时的复利计算。下述的算式是将 A 日元存进年利率为 r 的银行时，n 年以后的本金利率之和 S 的算式。

$$S=A(1+r)+A(1+r)^2+A(1+r)^3+\cdots+A(1+r)^n$$

这就是一个典型的将"$1+r$"这个固定的数逐次相乘之后再相加的例子。这种类型的计算，如果真的将它们逐次相加，计算量将会十分庞大。此处，我们来试着使用标题介绍的"错位相减法"的技巧。接下来就用具体的例子来为大家说明。

$$S=1+2+2^2+\cdots+2^{99}+2^{100}$$

将等式两边乘以 2 之后，可以得到另一个 $2^{\square}$ 的项错位的等式。

$$S=1+2+2^2+\cdots+2^{99}+2^{100} \qquad ①$$

$$2S=2+2^2+2^3+\cdots+2^{100}+2^{101} \qquad ②$$

随后，用②式错位减去①式后可以得到下述的等式：

$$S=2^{101}-1\cdots \qquad ③$$

上述方法总结成图像则如下所示：

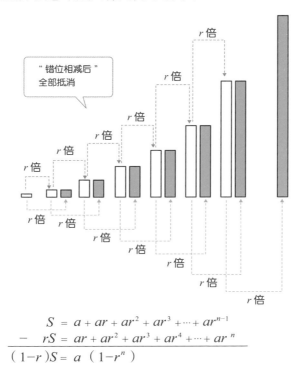

$$S = a + ar + ar^2 + ar^3 + \cdots + ar^{n-1}$$
$$-\quad rS = ar + ar^2 + ar^3 + ar^4 + \cdots + ar^n$$
$$(1-r)S = a(1-r^n)$$

上述内容就是等比数列的求和过程。大家只要记住其中的原理就行了。

$$1101 \text{ (2)} \quad \Rightarrow \quad 13 \text{ (10)}$$

（2）代表二进制数，（10）代表十进制数

示例

使用十根手指来进行计算

大家日常生活中使用的基本上都是十进制。也许平时大家并没有在意，例如256这个数字，其实可以表示成2个10^2（＝100），5个10^1（＝10），6个10^0（＝1）的形式。

$256_{(10)} = 2 \times 10^2 + 5 \times 10^1 + 6 \times 10^0$

$256_{(10)}$中的$_{(10)}$代表的就是十进制数（同样的$_{(2)}$代表的就是二进制数）。那么，以二进制的形式表示出的"1101"这个数字会变成是多少呢？相对于上述十进制的表现形式，以二进制表示出的"1101"如下所示：

$1101_{(2)} = 1 \times 2^3 + 1 \times 2^2 + 0 \times 2^1 + 1 \times 2^0$

显而易见是由1个2^3（＝8），1个2^2（＝4），0个2^1（＝2）和1个2^0（＝1）组成的。换句话说，如果将其转化成十进制数的话，应该是8+4+0+1=13。

需要特别说明的是，十进制数是由0~9这10个数字来

表示的；而二进制数则是由 0 和 1 这两个数字来表示的。

　　做完以上的说明之后，现在就为大家介绍一下能够轻松地将 10 位数以内的二进制数——也就是 0000000000~1111111111 转换成十进制数的方法。

　　首先，分别按顺序在右手的大拇指、食指、中指、无名指、小拇指尖写上 1、2、4、8、16 这五个数字。其次，再按顺序在左手的小拇指、无名指、中指、食指、大拇指尖写上 32、64、128、512 这五个数字。这样一来，准备工作就做完了。

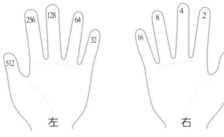

　　接下来就一起用手指算一算，二进制的形式表示的 1101 用十进制表示出来会是多少。因为是四位数的二进制数，所以只需要使用右手就足够了。如果将 1101 考虑成 01101 的话，那么就能将这个五位数按照右图的方式与右手手指相对应。

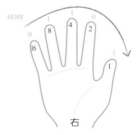

　　然后，我们将对应数字为 0 的手指向内弯曲，对应数字为 1 的手指保持原样伸直。

此时，只需要将保持伸直的手指尖上的数字全部相加，就能够将二进制数 1101 表示为十进制数了。也就是 8+4+0+1=13。

例题 ①请将二进制数 11010 用十进制的形式表现出来。

11010 是五位数的二进制数，所以用右手表现出来的形式如右图所示，由此可以求出十进制数如下所示：

16+8+0+2+0=26

②请将二进制数 1101011101 用十进制的形式表现出来。

1101011101 需要使用左手和右手两只手来表示。

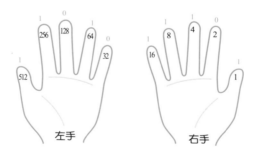

此时，将对应数字为 0 的手指向内弯曲，对应数字为 1 的手指尖的数字全部相加后可以得到：

512+256+64+16+8+4+1=861

左手　　　　　右手

11 (10) ⇨ 1011 (2)

2) 11
2) 5 · · · 1   1011
2) 2 · · · 1
1 · · · 0

示例 ·······························

将十进制数一直除以 2

以将十进制数 11 转化为二进制数的方法为例，为大家介绍一下吧。想要转化为其他的诸如三进制数、五进制数和十六进制数等，都可以运用同样的方法。

首先，可以将 11 除以 2 得到商为 5 余数为 1 写成下列形式：

2) 11
5 · · · 1

其次，再将得到的商 5 除以 2 得到商为 2 余数为 1 写成下列形式：

2) 11
2) 5 · · · 1
2 · · · 1

然后，只要一直重复这个步骤，直到最后所剩的商为 1

以内（因为要转换成二进制数，所以 2−1 = 1）为止。

$$
\begin{array}{r|l}
2\,) & 11 \\
\hline
2\,) & 5 \cdots 1 \\
\hline
2\,) & 2 \cdots 1 \\
\hline
 & 1 \cdots 0
\end{array}
$$

最后，以箭头的顺序组成的数字 1011，就是将十进制
数 11 转化成的二进制数。

$$
\begin{array}{r|l}
2\,) & 11 \\
\hline
2\,) & 5 \cdots 1 \\
\hline
2\,) & 2 \cdots 1 \\
\hline
 & 1 \cdots 0
\end{array}
$$

例题　① $45_{(10)} \rightarrow 101101_{(2)}$　② $30707_{(10)} \rightarrow 1440312_{(5)}$

$$
\begin{array}{r|l}
2\,) & 45 \\
\hline
2\,) & 22 \cdots 1 \\
\hline
2\,) & 11 \cdots 0 \\
\hline
2\,) & 5 \cdots 1 \\
\hline
2\,) & 2 \cdots 1 \\
\hline
 & 1 \cdots 0
\end{array}
\qquad
\begin{array}{r|l}
5\,) & 30707 \\
\hline
5\,) & 6141 \cdots 2 \\
\hline
5\,) & 1228 \cdots 1 \\
\hline
5\,) & 245 \cdots 3 \\
\hline
5\,) & 49 \cdots 0 \\
\hline
5\,) & 9 \cdots 4 \\
\hline
 & 1 \cdots 4
\end{array}
$$

> # 在30人一同乘坐的巴士旅行中，
> # 有同一天生日的人的概率为0.7

　　10个人中，其中有一个人与 A 为同一天生日的概率十分小。原因就是，10个人中每个人的生日都可能是一年365天中的任意一天。

　　然而，如果这个命题换成"团队中至少有一组人生日相同的概率"的话，就完全不一样了。因为命题的内容不是"有人与 A 为同一天生日"，而是变成了"不管是谁都好，至少有一组人生日相同"。

　　我们很容易就能够知道，10个人中"不存在生日为同一天的人"，或者说"所有人的生日都不相同"的概率如下：

$$\frac{365}{365} \times \frac{364}{365} \times \frac{363}{365} \times \frac{362}{365} \times \cdots \times \frac{356}{365} = 0.8830\cdots$$

　　可以得知 10 个人中所有人生日都不同的概率大约为0.88。因此，10 个人中"至少有一组人生日相同"的概率，只需要用 1 减去上述的等式即可，即：

$$1 - \frac{365}{365} \times \frac{364}{365} \times \frac{363}{365} \times \frac{362}{365} \times \cdots \times \frac{356}{365} = 0.116948178$$

　　求出来大约为 0.12。这就是 10 个人中至少有一组人生日相同的概率。

可以看出来这个数字并不算高。然而，当 10 个人变成 20 人或 30 人的时候，情况又会如何呢？根据计算可以得知，同一天生日的人的概率会急速上升。

人数	同一天生日的概率	人数	同一天生日的概率
1	0.000000000	26	0.598240820
2	0.002739726	27	0.626859282
3	0.008204166	28	0.654461472
4	0.016355912	29	0.680968537
5	0.027135574	30	0.706316243
6	0.040462484	31	0.730454634
7	0.056235703	32	0.753347528
8	0.074335292	33	0.774971854
9	0.094623834	34	0.795316865
10	0.116948178	35	0.814383239
11	0.141141378	36	0.832182106
12	0.167024789	37	0.848734008
13	0.194410275	38	0.864067821
14	0.223102512	39	0.878219664
15	0.252901320	40	0.891231810
16	0.283604005	41	0.903151611
17	0.315007665	42	0.914030472
18	0.346911418	43	0.923922856
19	0.379118526	44	0.932885369
20	0.411438384	45	0.940975899
21	0.443688335	46	0.948252843
22	0.475695308	47	0.954774403
23	0.507297234	48	0.960597973
24	0.538344258	49	0.965779609
25	0.568699704	50	0.970373580

对这些概率进行一个总结。根据上表可以得知，当人数为 30 人时，大概有 0.7 的概率这 30 人中有两个人是同一天生日。当人数为 40 人时这个概率会变成 0.89——相当高的概率能够碰到有两个同一天生日的人。

如果你是一位导游或者是公司团建的负责人，只要对这个表格有一些印象，那么当旅游的人数超过 23 人时，不妨对大家说道："哎呀哎呀，我猜咱们今天这么多人中，肯定有两个人是同一天生日哦。"从而起到一个活跃气氛的作用。不得不说，其实这也是一种速算的能力。

72 这个数字的不可思议之处

72 是一个能够看到五花八门世界的不可思议的数字。

· 它是约数最多的两位数的自然数。

1、2、3、4、6、8、9、12、18、24、36、72 ←——共有
12 个约数（与 60、84、90、96 并列最多）

· 能够通过连续的 6 个"质数之和"来表示。

72＝5＋7＋11＋13＋17＋19

· 最小的阿喀琉斯数。

阿喀琉斯数指的是在进行分解质因数（以质数之积的
形式表现）时，指数部分均为 2 以上，且它们"互为质数"
（没有共同的约数）的数。

72＝$2^3 \times 3^2$……指数 2 和 3 互为质数

（下一个阿喀琉斯数是 108＝$2^2 \times 3^3$）

· 九九相乘中，能够用两种（8×9，9×8）方法表示
的最大整数。

· 第 8 个矩形数。前一个是 56，后一个是 90。

矩形数指的是用连续两个正整数的积所表示的数。

第 n 个矩形数即为 $n(n+1)$。

· 正五边形的中心角。

· 72 法则中的"72"。

· 一个成人的心跳大约是 72 次 / 分钟。

由此可见，仅从一个数字中，就能够找出这么多五花八门的信息。并且，在寻找这些信息的同时，有可能会对数字更加敏感、更加感兴趣呢。

前面的队伍大排长龙，如何计算还有多久才能够轮到自己？如何以丢硬币的形式瞬间决定居委会干部？……这些"计算的智慧"都会在这一章为大家揭晓。大家如果掌握并能够灵活运用这些知识，毫无疑问会让周围的人对你刮目相看！

Part 7

关键时刻能够救命的简便计算法

```
                              8   1
              8      √  6 5│6 1
              8         6 4
            1 6 1       1 6 1
                        1 6 1
                              0
```

上述的例子是对6561这个数值巨大的数字取平方根（开根号）的过程。平时，一提到平方根这个概念，大家的脑海里是不是会浮现下面的数字呢？

$\sqrt{4}$ =2　　$\sqrt{9}$ =3　　$\sqrt{16}$ =4　　$\sqrt{25}$ =5　　$\sqrt{81}$ =9

那么，如果被人问到"$\sqrt{13}$、$\sqrt{31}$、$\sqrt{47}$等于多少"时，大家会如何作答呢？大部分人可能都会觉得，根本无法进行这种计算。

然而，当需要求"面积为81m² 的正方形边长为多少"时，可以通过$\sqrt{81}$ =9的计算求出答案；同样的，如果需要求"面积为47m² 的正方形边长为多少"时，则必须要求解$\sqrt{47}$ =？

类似这种求平方根（平方等于 x 的正数）的计算，人们称之为"开方"，而这种方法人们则称之为**"开平方法"**。

接下来就为大家解说本小节开头计算时使用的开平方法的过程。如果能够掌握这种方法，那么即使是像这样的大数值（有小数点也没关系），也可以以同样的方法解答。

原因就是，不论是多么大的数字的平方根，都能够按照"每两位数分隔"的方式来处理。

（1）将从小数点的位置开始每两位数分隔一次。虽然并非一定要往其中加入分隔线，但是加上分割线比较容易看清，也能帮助减少犯错。

$$\sqrt{65|61}$$

从小数点的位置开始每两位数分隔一次

（2）先来看前面 65 这个数字。可以预想是某个数的平方等于 65 这个数。虽说如此，但是肯定不会有刚刚好相等的整数，所以这里取平方与 65 最相近（注意：是不超过 65 的最大数）的数，可知 $8^2 = 64$ 是最相近的。于是，将此数字 8 填写到①和②处，将 8 的平方 64 填写到③处。

$$\begin{array}{r} {}^{②}8 \\ {}^{①}8 \enspace \sqrt{65|61} \\ {}^{③}64 \end{array}$$

（3）在 64 的下方画一条横线。将原来的数 65 减去 64 所得的数字 1 填写到横线下方，再将数字 65 的后两位数部分 61 照原样平移下去（④）。如此一来，6561 所有的数字就分解完毕了。

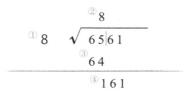

（4）往8（①）的下方再写一个相同的数字8（⑤），将①与⑤的和也就是16（⑥），写到横线的下方。

$$\begin{array}{r} {}^{②}8 \\ {}^{①}8\ \sqrt{\overline{6\ 5|6\ 1}} \\ \hline {}^{⑤}8\quad {}^{③}6\ 4 \\ \hline {}^{⑥}1\ 6\qquad {}^{④}1\ 6\ 1 \end{array}$$

（5）再在16（⑥）的旁边和8（②）的旁边写上□（此处仅仅是为了方便说明才写上，实际计算时无需填写）。此处，需要求出使"16□×□＝161"成立的□，或者使计算结果接近于161的□的值。此处由于刚好161×1＝161，因此可以得知□＝1。接下来就往□内填入1（⑦），再往161（④）的下方填上161（⑧）。

$$\begin{array}{r} {}^{②}8\ {}^{⑦}\square \\ {}^{①}8\ \sqrt{\overline{6\ 5|6\ 1}} \\ \hline {}^{⑤}8\qquad {}^{③}6\ 4 \\ \hline {}^{⑥}1\ 6\ {}^{⑦}\square\qquad {}^{④}1\ 6\ 1 \\ {}^{⑧}1\ 6\ 1 \end{array}$$

$$16\ \boxed{⑦}\times\boxed{⑦}=161$$

（6）在161（⑧）的下方画一条横线。将161（④）

180

减去 161（⑧）得到的值 0（⑨）写到横线下方，计算到此结束。

$$
\begin{array}{r}
^{②}8\ ^{⑦}\boxed{1} \\[2pt]
^{①}8\quad\sqrt{6\ 5\,|\,6\ 1} \\[2pt]
^{⑤}8\qquad ^{③}6\ 4 \\ \hline
^{⑥}1\ 6\ ^{⑦}\boxed{1}\qquad ^{④}1\ 6\ 1 \\[2pt]
^{⑧}1\ 6\ 1 \\ \hline
^{⑨}0
\end{array}
$$

根据以上计算可以得知，$\sqrt{6561}$ =81。接下来大家就一起使用这个方法解答以下的例题吧。

例题　①$\sqrt{225}$

按照两位数分隔的方法可以得到最初的数字为 2。那么，什么数的平方最接近 2 呢？毫无疑问只有 1^2=1。

$$
\begin{array}{r}
①_{②}\boxed{5}_{④} \\[2pt]
①_{①}\quad\sqrt{2\,|\,2\ 5} \\[2pt]
1\qquad ① \qquad\longleftarrow\ 1\times1=1\ (①\times②) \\ \hline
\boxed{2\ 5}_{③}\quad\boxed{1\ 2\ 5}\qquad\longleftarrow\ 25\times5=125\ (③\times④) \\[2pt]
1\ 2\ 5 \\ \hline
0
\end{array}
$$

答案为 $\sqrt{225}$ =15。

②$\sqrt{1444}$

按照两位数分隔的方法可以得到最初的数字为 14，最接近的是 $3^2=9$。

如果是 4^2，则结果等于 16，大于原数字 14，所以此处不可取。

答案$\sqrt{1444}$ =38

③$\sqrt{5329}$

按两位数分隔可以得到 53。同样 $7^2 < 53$ 且最接近，所以先填入 7。

答案为$\sqrt{5329}$ =73。

本小节最后，大家一起来挑战一下 $\sqrt{3}$ 的平方根吧。

例题　请试着使用开平方法求出 $\sqrt{3}$ 的平方根。

```
                  1. 7  3  2  0  5
         ┌────────────────────────
     1   √ 3. 0 0 0 0 0 0 0 0
     1       1
   ─────────────────────
    2 7       2 0 0
      7       1 8 9
   ─────────────────────
    3 4 3       1 1 0 0
        3       1 0 2 9
   ─────────────────────
    3 4 6 2         7 1 0 0
          2         6 9 2 4
   ─────────────────────
    3 4 6 4 0         1 7 6 0 0
              0                 0
   ─────────────────────
    3 4 6 4 0 5           1 7 6 0 0 0 0
                          1 7 3 2 0 2 5
```

大家在中学学习无理数的时候，可能曾经使用"像其他人一样请客呀"的双关语背过 $\sqrt{3}$ =1.7320508 的数值。
如今可以直接通过计算就求出，$\sqrt{3}$ 等于1.73205了。

前一小节介绍的开平方法的原理如展开公式①所示：

$$(a+b+c+d+\cdots)^2 = a^2+b(2a+b)+c[2(a+b)+c]$$
$$+d[2(a+b+c)+d]+\cdots \qquad ①$$

此展开式成立的理由如下图所示：假设有一个边长为 $a+b+c+d+\cdots$ 的正方形，那么它的面积 $(a+b+c+d+\cdots)^2$ 应该与边长为 a 的正方形面积 S_1 和沟形面积 S_2、S_3、$S_4\cdots\cdots$之和相等。

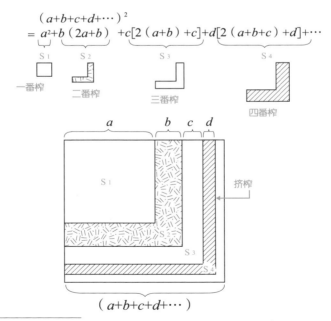

❶　酿造啤酒时，经过麦汁过滤工序，最初流出的第一道麦汁就是一番榨。——译者注

如果前一小节介绍的那两个例子分别对应 a、b、c、d，那么就可以按照以下所示进行解说：

```
              8   1
       ┌──────────────
  8    │√  656 1
  8    │   6400           ←  a²…1一番榨 a=80
 ───────────────
 1 6 1 │     161
       │     161           ←  b(2a+b)…2二番榨 b=1
       ───────────────
                 0
```

下述过程是对第183页解法的说明。平时计算的时候无需加上小数点，此处加上是为了方便大家理解。

```
            1.  7   3   2   0   5
       ┌──────────────────────────
  1    │√  3.00000000
  1    │   1                  ←  a²              a=1
 ───────────────
 2 7   │   2.00                                  b=0.7
   7   │   1.89               ←  b(2a+b)
 ───────────────
 3 4 3 │   0.1100                                c=0.03
   3   │   0.1029             ←  c[2(a+b)+c]
 ───────────────
 3 4 6 2│   0.007100                              d=0.002
    2  │   0.006924           ←  d[2(a+b+c)+d]
 ───────────────
 3 4 6 4 0│      17600
       0│          0
 ───────────────
 3 4 6 4 0 5│    1760000
           │    1732025
```

185

60 根据平均数、中位数迅速了解分布特征

通过图表的形状来找出"代表值"

人的身高和体重、考试成绩等数据的分布，基本上都是左右对称，分布呈山峰的形状。此类型的分布，平均数、中位数与众数基本一致。

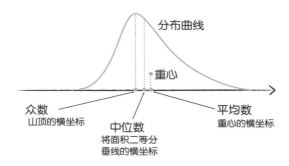

那么，如果这三个值相差很大会怎么样呢？例如，当平均数比中位数要大很多时，该分布就不再会是左右对称的山峰型分布了。原因就是在对象数据中，会有一个特别大的数值在拉动着平均数。

下一页的图是日本总务省统计局公布的 2012 年度（平成 24 年度）的两人以上工作家庭的平均存款额的分布表。

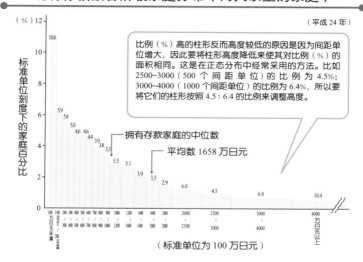

现有存款额各阶级家庭分布（两人以上的家庭）

（平成 24 年）

比例（%）高的柱形反而高度较低的原因是因为间距单位增大，因此要将柱形高度降低来使其对比例（%）的面积相同。这是在正态分布中经常采用的方法。比如 2500~3000（500 个间距单位）的比例为 4.5%；3000~4000（1000 个间距单位）的比例为 6.4%，所以要将它们的柱形按照 4.5∶6.4 的比例来调整高度。

拥有存款家庭的中位数

平均数 1658 万日元

（标准单位为 100 万日元）

通过观察上图可知，平均数（1658 万日元）要远大于中位数（1001 万日元）。其原因就是，有一部分的家庭财富值十分之高，以致于拉动了平均数的数值。像这种平均数远大于中位数的情况，其分布就会接近于 L 字型。

平均数、中位数、众数全都是统计学中具有代表性的数据，可以仅凭一个数值就反映出大量的数据特征。特别是其中的平均数，更是人们经常用来表示一组数据特征的首选数据。

然而，当数据分布呈 L 字型时，如同上述存款额的例子一般，"中位数 1001 万日元"可能比"平均数 1658 万日元"要更具有代表性。因此，当我们在判断使用哪个数值更能够代表数据特征时，观察数据分布的"图表形状"不失为一个很好的选择。

偏差值 70 以上 ⇨ 100人中的第1名或第2名
1万人中的前200名

当孩子的英语考试成绩为 85 分时（满分 100 分），大家一般都会表扬孩子"表现不错"，因为在一般的认知当中，这是个不错的成绩。

然而，仅凭这一个分数的信息，是无法知道自己孩子在班上的排名的。如果平均分仅为 30 的话，那么 85 分就是一个十分惊人的高分；反之，如果平均分为 95 的话，那么 85 分甚至有可能是一个最低分。总而言之，如果不知道平均分，那么就很难对得分进行评价。

此外，即使是平均分都为 60 分的考试，情况也有可能不同——有可能是所有人都拿了 60 分，也有可能大家的分数参差不齐。因此，为了对数据有一个更加直观的了解，我们需要掌握的不仅仅是平均分，还有能够表现"数据分布状况"的数字（正的平方根即为标准偏差）。

如此这般，仅凭单个条件是无法判断得到的分数是好还是坏的。所以，人们就想出了偏差值这样一个概念。对于总分为 100 分的考试来说，得分的偏差值计算公式如下：

$$偏差值 = \frac{得分 - 平均分}{标准偏差} \times 10 + 50$$

很明显，偏差值与平均分不同，还添加了表示分数分布状况的分散（＝标准偏差）的一个概念。

偏差值具有的性质如下所示：

· 偏差值的平均值为 50

· 偏差值的标准偏差为 10

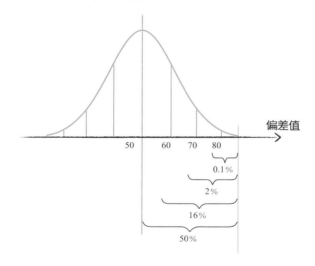

从上方的图可以看出，如果偏差值为 70 以上，那么排名就达到了前 2%。也就是说，如果有 100 个人，那么排名就是第 1 名或者第 2 名；如果有 1 万个人，那么排名就是前 200 名以内。需要注意的是，这个概念有一个前提就是，需要有大量的数据并且呈现类似山峰那种左右对称的形状（正态分布），反之则误差会变得相当大。

虽然并不知道本小节开头的 85 分排名到底是多少，但如果是那种大型的模拟考试，同时会公布标准偏差等数据，大家就能够通过那些数据迅速计算出拿了多少分，排名多少等信息了。

大部分的财富，往往集中在少部分人的手里

人们常说"八成的收益来自二成的客户"或"八成的销售额来自二成的商品"。这就是大名鼎鼎的**"巴莱多定律"**（也叫**"二八法则"**）。

因为 20% 的商品就决定了 80% 的销售额，所以只需要对最近五年自己公司前 20% 的商品进行细致的调查，商品名单的变化（新年度新增了多少商品）等，就能够轻松地分析出来哪些商品是长期稳定的存在，哪些商品只是昙花一现的存在。这样比对所有的商品进行调查要更加"省力、快速、高效"。

值得一提的是，剩余的那 8 成商品被人们称作"长尾"。"7-11"便利店就是通过从商品架上逐渐淘汰长尾商品来打败那些超市的；反之，亚马逊采取的在互联网店铺内齐备所有的长尾商品的策略则是所有实体书店不具备的强项。这些都是通过研究二八法则制定出的战略。

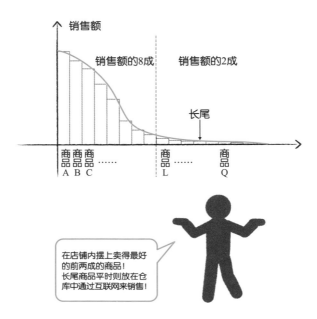

小小公式超快速计算"等待时间"

可以通过一分钟之后剩下的人数来推导

没有人愿意去排那种一眼望不到头的队伍。如果"能够知道还要等多久"的话，大家就能在心里作比较了：要么就咬牙忍耐这么长时间，要么就索性放弃，飘然而去。

这种时候，就可以通过"利特尔法则"来轻松计算出需要等待的时间。这个公式如下所示：

$$W = \frac{L}{\lambda} \cdots \cdots 利特尔法则$$

（W= 等待时间，L= 排在自己前面的人数，λ=1 分钟内排到自己后面的人数）

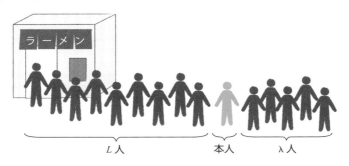

例题 假设现在有一支队伍，自己的前面排了 200 个人。

从自己开始排队后的 1 分钟内，自己的身后又多了

5 个人来排队。请问，自己还需要排多久的队？

$$W = \frac{L}{\lambda} = \frac{200}{5} = 40 \text{（分钟）}$$

由利特尔法则可以推算出大概还需要排 40 分钟的队。

将计算中的时间单位变更成"1 小时"也没有问题。比如说有 60 个人排队，1 小时后自己的身后增加了 20 个人，那么就还需要等待 3 个小时。

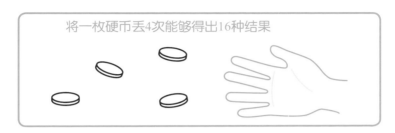

将一枚硬币丢4次能够得出16种结果

　　最近，经常听说有地方无法选出居委会干部，以致最终用猜拳的方法来决定。然而，如果是从 16 个人中选的话，以猜拳的方式来决定也并非想象中那么简单。虽说也能使用阿弥陀签 ❶ 的方法来决定，但是光是制作就需要花上不少时间。

　　这种时候，有一种使用硬币来迅速做决定的方法。那就是"将一枚硬币丢 4 次"的方法。原因就是，丢 4 次的结果一共有 16 种。

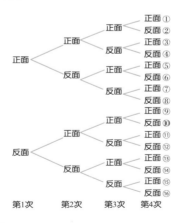

---

❶　又称鬼脚图，日本的一种抽签游戏。——译者注

因此，我们的准备工作就是将从最上面的那种情况（正面、正面、正面、正面）到最下面的那种情况（反面、反面、反面、反面）标上从①~⑯的号码。然后，给这16个人也同样标上①~⑯的号码。

然后，就只需要丢硬币了。如果丢出的硬币是"反面、反面、正面、反面"，那么根据上一页的树形图可以得知是⑭号，因此标⑭号的人就当选了。

也许有人会觉得画树形图很麻烦，但事实上并没有必要画这个图。如果假设"正面为0，反面为1"的话，那么就可以将一枚硬币丢4次的结果制作成二进制数。

（2）代表是二进制数

（例）反面、反面、正面、反面→1101 (2)

四位数的二进制数从0000~1111一共有16个数，转换成十进制数则是0~15。因此，只需要将四位数的二进制数转换成十进制数然后再加1，就能够完全表示出①~⑯的数值了。

（例）反面、反面、正面、反面→1101 (2) → 13 (10) → 13+1=14

值得一提的是，即使参选的人数不是刚好16人也依然能够使用这个方法。如果一共有 15 个人参选，而硬币丢出了第⑯种情况的话，只需要重新丢至结果为 15 以下即可。

此外，如果是 32 个人参选，则需要丢 5 次硬币。像这种二进制数的使用方法，应该能够让大家切身实际地感受到它们的存在。

"不能出剪刀的石头剪刀布"
注意：出"布"并不一定就会赢

在前一小节为大家介绍了从 16 人当中选出一人需要通过丢一枚硬币 4 次的方法。这个原理就是将一枚硬币丢 4 次能够获得 2^4=16 种结果。然而，这种方法只有当人数为 16 人、32 人、64 人……的时候才有效，如果人数为 7 人，那么想要顺利得到结果可就没那么简单了。

因此，这一小节将要为大家介绍一下无论有多少人，都能够轻松决定出当选者的方法。通过"不能出剪刀的石头剪刀布"的方法来筛选出人数多的一方（人数少的一方亦可），如此反复。

（1）先进行不能出剪刀的石头剪刀布。

（2）筛选出出布或者出石头人数较多的一方（或者人数较少的一方）。

（3）重复（1）~（2）的步骤筛选至最后剩 1 人为止。

顺带一提，当人数变少以后，切换成普通的石头剪刀布选出最后一人也可以。此外，经常还能碰到有人弄错出成剪刀，如果发生了那种情况，那么直接选那位违反规则的人也不是不可以。

据说，一只德国小蟑螂的寿命为120天左右，在此期间，雌性蟑螂大约会产5次卵，每一次产卵大概会产大约40个卵。因此，一对蟑螂一生中能够生产出 $40 \times 5 = 200$ 只子蟑螂。换句话说，它们能够生产出相当于自己数量100（$= 10^2$）倍数量的子蟑螂。

这200只（假设其中100只为雌性）子蟑螂长大后，一生中能够生产蟑螂的数量为 $40 \times 5 \times 100 = 20000$ 只。也就是说，最初的2只蟑螂最后一共生产出了相当于自己数量10000 [$= (10^2)^2$] 倍数量的孙蟑螂。

由上述的过程可以推导出2只蟑螂生产的 n 代之后的蟑螂数量，可以用下述公式来表示：

$2 \times (10^2)^n = 2 \times 10^{2n}$

3代之后的蟑螂数量为 $2 \times 10^6 = 200$ 万只（大约是1年后的数量）；4代之后的数量为 $2 \times 10^8 = 2$ 亿只。

如果将一个正方形放大至原来的 3 倍，
那么放大后的边长将会是原来的 1.73 倍

示例 ⋯⋯⋯⋯⋯

$\sqrt{2}$ =1.41421356　　一夜一夜正是人看时

$\sqrt{3}$ =1.7320508　　像其他人一样请客呀

$\sqrt{5}$ =2.2360679　　富士山麓鹦鹉在啼叫

$\sqrt{6}$ =2.44949　　　很像很好很好

$\sqrt{7}$ =2.64575　　　菜中没有虫子

$\sqrt{10}$ =3.162277　　　人丸有三种颜色和两个七并排

　　大家平时如果掌握了一些常见的平方根的数值，那么对于速算是十分有帮助的。例如，想要将一个正方形变为原来的 3 倍，则只需要将其边长乘以 $\sqrt{3}$ 即可（根据 x^2=3）。不过即使说这个数可能还是无法立即反应过来，但是如果大家知道 $\sqrt{3}$ 的近似值为 1.7320508 的话，就能够迅速计算出这个问题的答案了。

　　此外，最近都开始重视的统计学中频繁出现的"标准偏差"，也会使用到平方根。因此，掌握上述这些常见的平方根的数值以后计算会更加方便。此处是运用双关语的方法介绍的，希望还没有掌握的人一定要借此机会记住。

$$15^2 \longrightarrow 225$$

示例 ....

$$11^2 \longrightarrow 121$$
$$12^2 \longrightarrow 144$$
$$13^2 \longrightarrow 169$$
$$14^2 \longrightarrow 196$$
$$15^2 \longrightarrow 225$$
$$16^2 \longrightarrow 256 \quad \cdots \cdots 2^8$$
$$17^2 \longrightarrow 289$$
$$18^2 \longrightarrow 324$$
$$19^2 \longrightarrow 361$$

如果能够记住上述的平方数（2次方数），那么大家的速算将会更加高效。接下来就为大家展示一下具体的应用例题吧。

例题 ① 15×16

$= 15 \times （15+1）$

$= 15^2 + 15$

$= 225 + 15$

$= 240$

② 14×16

$= (15-1)(15+1)$

$= 15^2 - 1$

$= 225 - 1$

$= 224$

③ 18×16

$= (17+1)(17-1)$

$= 17^2 - 1$

$= 289 - 1$

$= 288$

即使是在公务员考试、就职考试等简单的算术考试中，也会出现只要掌握了11~19的平方数就能快速解答的情况。因此，希望大家最好记住这些数值。

以上就是本书为大家介绍的可以称为"特效药"的计算方法了。在本书的最后，我们再来练习一下"万能药"的计算方法。毕竟万变不离其宗，所有五花八门的速算法毫无例外都是建立在正统的计算方法基础上的。

附录

在如今计算中，经常会出现数值十分庞大或数值无限接近于 0 的数字。因此，大家很有必要掌握下列表格中的前缀哦！

称呼	数	符号	前缀
幺	10^{-24}	y	yocto-
仄	10^{-21}	z	zepto-
阿（托）	10^{-18}	a	atto-
飞（毫微微）	10^{-15}	f	femto-
皮（微微）	10^{-12}	p	pico-
纳	10^{-9}	n	nano-
微	10^{-6}	μ	micro-
毫	10^{-3}	m	milli-
厘	10^{-2}	c	centi-
分	10^{-1}	d	deci-
个	$10^{0}=1$		mono-
十	$10^{1}=10$	da	deca-
百	10^{2}	h	hecto-
千	10^{3}	k	kilo-
兆	10^{6}	M	mega-
吉（十亿）	10^{9}	G	giga-
太（万亿）	10^{12}	T	tera-
拍	10^{15}	P	peta-
艾	10^{18}	E	exa-
泽	10^{21}	Z	zetta-
尧	10^{24}	Y	yotta-

这一小节将以 4852+3267 为例，为大家讲解一下小学课堂里教授的加法运算。其他的数字相加也可以使用同样的方法。

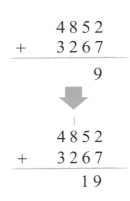

个位的 2 加 7 等于 9；十位的 5 加 6 等于 11。

将得到的 11 左边的"1"（十位）写到百位数字 8 的上方，右边的"1"（个位）写到横线下方；从十位进位而来的 1 加上百位的 8 和 2 等于 11。将得到的 11 左边的"1"（十位）

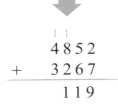

写到千位数字 4 的上方，右边的"1"（个位）写到横线下方；百位进位而来的 1 加上千位的 4 和 3 等于 8。

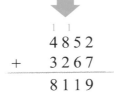

最终得出答案等于 8119。

03 小学课堂里教授的"减法"

这一小节将以 4852－3267 为例，为大家讲解一下小学课堂里教授的减法运算。其他的数字相减也可以使用同样的方法。

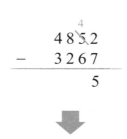

个位的数字 2 减不了 7，所以需要从十位的数字 5 处借 1 位，变成 12 之后再减 7 等于 5。由于十位的数字 5 借了 1 位出去所以仅剩下 4。

十位借出去了 1 位仅剩下 4 减不了 6，所以需要从百位的数字 8 处借 1 位，变成 14 之后再减去 6 等于 8。此时，百位的数字 8 借了 1 位出去所以仅剩下 7。

用百位仅剩的数字 7 减去 2 等于 5。

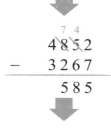

千位的数字 4 减去 3 等于 1。最终得出答案等于 1585。

这一小节将以 852×67 为例,为大家讲解一下小学课堂里教授的乘法运算。其他的数字相乘也可以使用同样的方法。

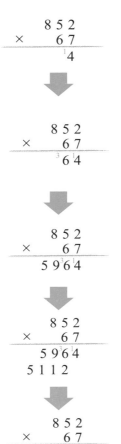

首先,仅计算 852×7。7×2=14,所以将"4"写到横线下方的个位数处,将"1"暂时写到十位数处。

其次,7×5=35 的"5",加上进位的"1"等于 36,所以将"6"写到横线下方的十位数处,将"3"暂时写到百位数处。

再次,7×8=56 的"6",加上进位的"3"等于 59,所以将"9"写到百位数处,将"5"写到千位数处。

又次,以同样的方法再次计算 852×6。

最后,将 852×7 和 852×6 的计算结果相加。

最终得出答案等于 57084。

这一小节将以 8576 ÷ 67 为例，为大家讲解一下小学课堂里教授的除法运算。其他的数字相除也可以使用同样的方法。

将 8576 ÷ 67 写成左图所示的形式。

首先，将目光放到数字 8576 从左边数的两位数"85"上面，计算 85 ÷ 67 得到商为 1，和 67 与 1 相乘的数字 67，将它们分别写到①和②的位置上。（注意）当从左边数的两位数比 67 小时，则需要选择从左边数的三位数。

其次，在②处的 67 下方画一条横线，然后将 85 减去 67 的值 18 写到横线下方的③处。再将数字 8576 当中的"7"平移至下方的④处。

再次，计算出 67 乘以多少能够得到不超过且最接近 187 的数，将它写到⑤处（此时应为数字 2）。再将数字 2 与 67 相乘得到的 134 写到 187 的下方⑥处。

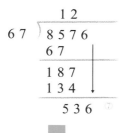

随后，在 134 的下方画一条横线，将 187 减去 134 的值 53 写到横线下方，再将数字 8576 当中的 "6" 平移至下方的⑦处。

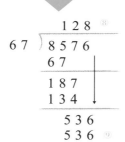

接下来，计算出 67 乘以多少能够得到不超过且最接近 536 的数，将它写到⑧处（此时应为数字 8）。再将数字 8 与 67 相乘得到的 536 写到 536 的下方⑨处。

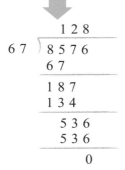

最后，在⑨处的 536 数字下方画一条横线，将⑦处的数字 536 减去⑨处的数字 536 所得到的数字 0 写到横线下方。由于最终得到的数字是 0，所以计算就到此结束了。

最终得出答案等于 128。